建筑工程细部节点做法与施工工艺图解丛书

钢筋混凝土结构工程细部节点做法与施工工艺图解

丛书主编：毛志兵
本书主编：冯　跃

中国建筑工业出版社

图书在版编目(CIP)数据

钢筋混凝土结构工程细部节点做法与施工工艺图解/
冯跃主编. —北京:中国建筑工业出版社,2018.8
(2022.11重印)
(建筑工程细部节点做法与施工工艺图解丛书/丛书
主编:毛志兵)
ISBN 978-7-112-22270-4

Ⅰ.①钢… Ⅱ.①冯… Ⅲ.①钢筋混凝土结构-节
点-细部设计-图解②钢筋混凝土结构-工程施工-图解
Ⅳ.①TU755-64

中国版本图书馆 CIP 数据核字(2018)第 109226 号

　　本书以通俗、易懂、简单、经济、实用为出发点,从节点图、
实体照片、工艺说明三个方面解读工程节点做法。本书分为钢筋
工程、模板工程、混凝土工程共 3 章。提供了 200 多个常用细部
节点做法,能够对项目基层管理岗位及操作层的实体操作及质量
控制有所启发和帮助。
　　本书是一本实用性图书,可以作为监理单位、施工企业、一
线管理人员及劳务操作层的培训教材。

　　　　责任编辑:张　磊
　　　　责任校对:芦欣甜

建筑工程细部节点做法与施工工艺图解丛书
钢筋混凝土结构工程细部节点做法与施工工艺图解
丛书主编:毛志兵
本书主编:冯　跃
＊
中国建筑工业出版社出版、发行(北京海淀三里河路9号)
各地新华书店、建筑书店经销
北京红光制版公司制版
北京中科印刷有限公司印刷
＊
开本:850×1168毫米　1/32　印张:8⅝　字数:231千字
2018年8月第一版　　2022年11月第八次印刷
定价:**38.00**元
ISBN 978-7-112-22270-4
(37528)

编写委员会

主　　编：毛志兵
副 主 编：（按姓氏笔画排序）

冯　跃　刘　杨　刘明生　刘爱玲　李　明

杨健康　吴　飞　吴克辛　张云富　张太清

张可文　张晋勋　欧亚明　金　睿　赵福明

郝玉柱　彭明祥　戴立先

审定委员会

（按姓氏笔画排序）

马荣全　王　伟　王存贵　王美华　王清训　冯世伟

曲　慧　刘新玉　孙振声　李景芳　杨　煜　杨嗣信

吴月华　汪道金　张　涛　张　琨　张　磊　胡正华

姚金满　高本礼　鲁开明　薛永武

审定人员分工

《地基基础工程细部节点做法与施工工艺图解》

  中国建筑第六工程局有限公司顾问总工程师：王存贵

  上海建工集团股份有限公司副总工程师：王美华

《钢筋混凝土结构工程细部节点做法与施工工艺图解》

  中国建筑股份有限公司科技部原总经理：孙振声

  中国建筑股份有限公司技术中心总工程师：李景芳

  中国建筑一局集团建设发展有限公司副总经理：冯世伟

  南京建工集团有限公司总工程师：鲁开明

《钢结构工程细部节点做法与施工工艺图解》

  中国建筑第三工程局有限公司总工程师：张琨

  中国建筑第八工程局有限公司原总工程师：马荣全

  中铁建工集团有限公司总工程师：杨煜

  浙江中南建设集团有限公司总工程师：姚金满

《砌体工程细部节点做法与施工工艺图解》

  原北京市人民政府顾问：杨嗣信

  山西建设投资集团有限公司顾问总工程师：高本礼

  陕西建工集团有限公司原总工程师：薛永武

《防水、保温及屋面工程细部节点做法与施工工艺图解》

  中国建筑业协会建筑防水分会专家委员会主任：曲慧

  吉林建工集团有限公司总工程师：王伟

《装饰装修工程细部节点做法与施工工艺图解》

  中国建筑装饰集团有限公司总工程师：张涛

  温州建设集团有限公司总工程师：胡正华

《安全文明、绿色施工细部节点做法与施工工艺图解》

  中国新兴建设集团有限公司原总工程师：汪道金

  中国华西企业有限公司原总工程师：刘新玉

《建筑电气工程细部节点做法与施工工艺图解》

  中国建筑一局（集团）有限公司原总工程师：吴月华

《建筑智能化工程细部节点做法与施工工艺图解》

《给水排水工程细部节点做法与施工工艺图解》

《通风空调工程细部节点做法与施工工艺图解》

  中国安装协会科委会顾问：王清训

本书编委会

主编单位：北京建工集团有限责任公司

参编单位：北京建工集团有限责任公司建筑工程总承包部

北京建工土木工程有限公司

北京建工国际建设工程有限责任公司

主　　编：冯　跃

副 主 编：刘爱玲　谢　婧

编写人员：阴吉英　唐永讯　王　昕　王先龙　翟　炜

高　原　郭　佳　王振辉　韩　超　荣慕宁

任淑梅

丛 书 前 言

过去的 30 年，是我国建筑业高速发展的 30 年，也是从业人员数量井喷的 30 年，不可避免的出现专业素质参差不齐，管理和建造水平亟待提高的问题。

随着国家经济形势与发展方向的变化，一方面建筑业从粗放发展模式向精细化发展模式转变，过去以数量增长为主的方式不能提供行业发展的动力，需要朝品质提升、精益建造方向迈进，对从业人员的专业水准提出更高的要求；另一方面，建筑业也正由施工总承包向工程总承包转变，不仅施工技术人员，整个产业链上的工程设计、建设监理、运营维护等项目管理人员均需要夯实专业基础和提高技术水平。

特别是近几年，施工技术得到了突飞猛进的发展，完成了一批"高、大、精、尖"项目，新结构、新材料、新工艺、新技术不断涌现，但不同地域、不同企业间发展不均衡的矛盾仍然比较突出。

为了促进全行业施工技术发展及施工操作水平的整体提升，我们组织业界有代表性的大型建筑集团的相关专家学者共同编写了《建筑工程细部节点做法与施工工艺图解丛书》，梳理经过业界检验的通用标准和细部节点，使过去的成功经验得到传承与发扬；同时收录相关部委推广与推荐的创优做法，以引领和提高行业的整体水平。在形式上，以通俗易懂、经济实用为出发点，从节点构造、实体照片（BIM 模拟）、工艺要点等几个方面，解读工程节点做法与施工工艺。最后，邀请业界顶尖专家审稿，确保本丛书在专业上的严谨性、技术上的科学性和内容上的先进性。使本丛书可供广大一线施工操作人员学习研究、设计监理人员作业的参考、项目管理人员工作的借鉴。

本丛书作为一本实用性的工具书，按不同专业提供了业界实践后常用的细部节点做法，可以作为设计单位、监理单位、施工企业、一线管理人员及劳务操作层的培训教材，希望对项目各参建方的操作实践及品质控制有所启发和帮助。

本丛书虽经过长时间准备、多次研讨与审查、修改，仍难免存在疏漏与不足之处。恳请广大读者提出宝贵意见，以便进一步修改完善。

丛书主编：毛志兵

本 册 前 言

本分册根据《建筑工程细部节点做法与施工工艺图解丛书》编委会的要求,由北京建工集团有限责任公司会同北京建工集团有限责任公司建筑工程总承包部、北京建工土木工程有限公司、北京建工国际工程建设有限责任公司共同编制。

在编写过程中,编写组认真研究了《混凝土结构工程施工质量验收规范》GB 50204—2015、《混凝土结构工程施工规范》GB 50666—2011,并参照《混凝土结构施工图平面整体标识方法制图规则和构造详图》16G101-1～3、《钢筋机械连接技术规程》JGJ 107—2016 、《钢筋焊接及验收规程》JGJ 18—2012、《建筑施工模板安全技术规范》JGJ 162—2008、《建筑施工扣件式钢管脚手架安全技术规程》JGJ 130—2011、《建筑工程大模板技术规程》JGJ/T 74—2017、《组合铝合金模板工程技术规程》JGJ 386—2016、《液压爬升模板工程技术规程》JGJ 195—2010、《混凝土泵送施工技术规程》JGJ/T 10—2011 等有关资料和图集,结合编制组在钢筋混凝土工程施工经验进行编制。

本分册主要内容有:钢筋工程、模板工程、混凝土工程三章253 个节点,每个节点包括实体照片或 BIM 图片及工艺说明两部分,力求做到图文并茂、通俗易懂。

中国建筑股份有限公司科技部原总经理孙振声、中国建筑股份有限公司技术中心总工程师李景芳、中国建筑一局集团建设发展有限公司副总经理冯世伟、南京建工集团有限公司总工程师鲁开明几位专家对本书内容进行了审核,在此深表感谢。

由于时间仓促,经验不足,书中难免存在缺点和错漏,恳请广大读者指正。

目　　录

第一章 钢 筋 工 程

第一节 钢 筋 加 工

010101 钢筋原材堆放

钢筋摆放场地硬化

钢筋标识牌

工艺说明：
(1) 钢筋的堆放场地应硬化或覆盖，并有排水坡度。
(2) 为防止钢筋锈蚀，宜设置地垄墙、木方或周转型钢梁。
(3) 应按级别、品种、直径、厂家等分垛码放，并挂标识牌，注明产地、规格、品种、数量、进场时间、复试报告单编号、质量检查状态（待检、合格、不合格）。

010102 钢筋调直和切断

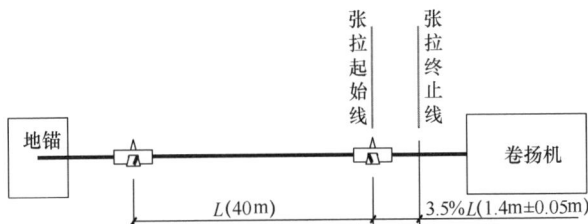

钢筋调直   端头无齿锯切割

工艺说明：

（1）钢筋宜采用无延伸功能的机械设备进行调直（通过机械设备使用说明书判断其有无延伸功能），采用冷拉方法调直时，应进行力学性能和单位长度重量偏差的检验。伸长率光圆钢筋小于等于 4%，带肋钢筋小于等于 1%。

（2）钢筋切断配料以钢筋配料单提供的钢筋级别、直径、外形和下料长度为依据，在工作台上做出明显的标识，确保下料长度的准确。

（3）用于机械连接、定位用钢筋应采用无齿锯切割，保证端头平直，顶端切口无有碍于套丝质量的斜口、马蹄口或扁头。用于对焊、电渣压力焊焊接接头的钢筋，应将钢筋端头的热轧弯头或劈裂头切除。

010103 钢筋弯钩和弯折

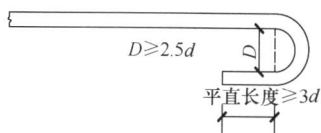

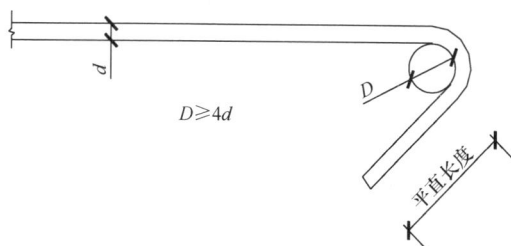

工艺说明：

(1) 光圆钢筋的弯弧内直径不应小于钢筋直径的 2.5 倍，弯钩的弯后平直部分长度不应小于钢筋直径的 3 倍。

(2) 335MPa 级、400MPa 级带肋钢筋的弯弧内直径不应小于钢筋直径的 4 倍，弯钩的弯后平直部分长度应符合设计要求。

(3) 500MPa 带肋钢筋，直径小于 28mm 时，弯折处的弯弧内直径不应小于钢筋直径 6 倍，当直径为 28mm 及以上时不应小于钢筋直径的 7 倍。

(4) 位于框架结构顶层端节点处的梁上部纵向钢筋和柱外侧纵向钢筋，在节点角部弯折处，当钢筋直径小于 28mm 时弯折处的弯弧内直径不应小于钢筋直径的 12 倍，当直径为 28mm 及以上时不应小于钢筋直径的 16 倍。

010104 技术交底牌

技术交底牌

加工样板展示

工艺说明：

（1）钢筋的加工标准应悬挂于现场。

（2）加工前有详细的技术交底及加工翻样图，分别明示于各自的操作台前。

010105　半成品码放

钢筋半成品使用部位		
编号	位置	形状
规格	数量	

范例：基础底板钢筋		
①号	上排上铁	100mm 5000mm
HRB400 Φ22	20根	

工艺说明：

（1）钢筋加工经检查合格后，按照部位、规格分类码放，并做好标识。

（2）半成品吊牌采用防水、防撕的耐用布质材料，牢固地绑扎在钢筋半成品上。

010106 圆形箍筋加工

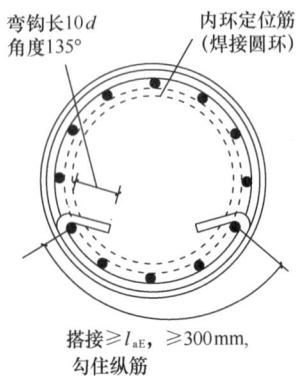

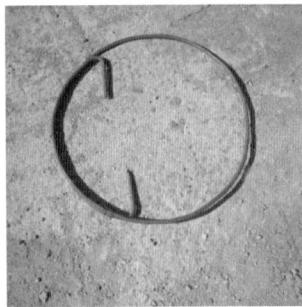

弯钩长10d
角度135°

内环定位筋
（焊接圆环）

搭接≥l_{aE}，≥300mm，
勾住纵筋

专用加工模具

工艺说明：

（1）圆形箍筋搭接长度不应小于其受拉锚固长度，且≥300mm。

（2）箍筋两末端应加设135°弯钩，对有抗震设防要求的结构箍筋弯钩平直长度应≥10d且不应小于75mm。

010107　螺旋箍筋加工

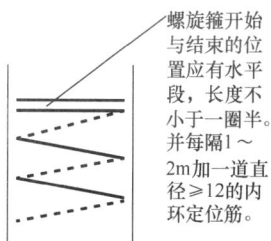

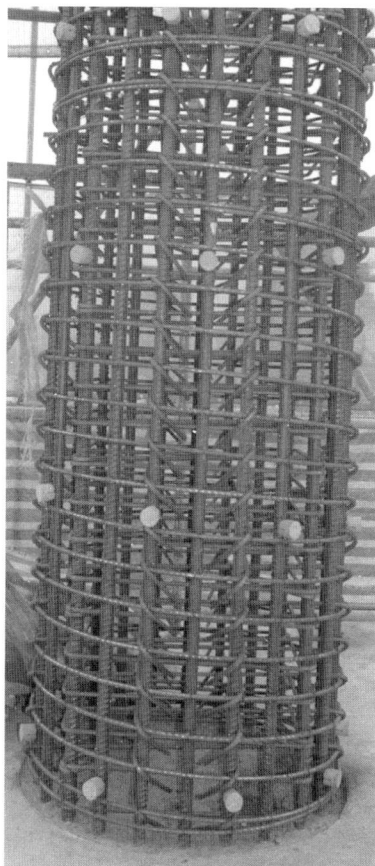

螺旋箍开始与结束的位置应有水平段，长度不小于一圈半。并每隔1～2m加一道直径≥12的内环定位筋。

工艺说明：

（1）螺旋箍筋加工时，螺旋箍开始与结束的位置应有水平段，长度不小于一圈半。

（2）每隔1～2m加一道直径≥12的内环定位筋。

010108 矩形箍筋加工

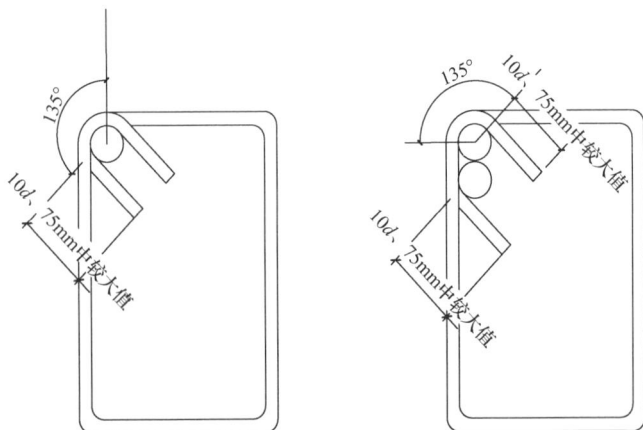

工艺说明：

（1）箍筋端头应弯成135°弯钩，弯钩平整不扭挠，其平直段相互平行长短一致（端头可不用无齿锯切割），平直段长度≥10d且不小于75mm。

（2）位于主筋搭接范围内的箍筋弯曲直径应增加一个主筋直径。

010109　异形箍筋加工

异形箍筋定型模具

异形箍筋放样

工艺说明：

（1）对于异形箍筋的加工设置定型模具。

（2）对于异形箍筋的加工进行放样制作。

010110　接头端部要求

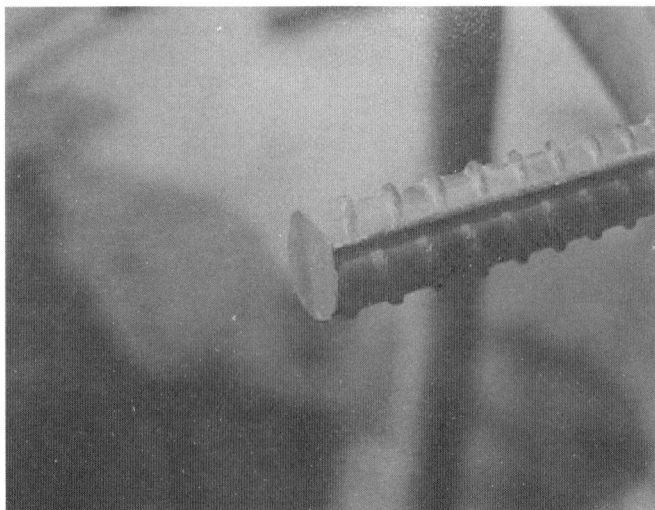

工艺说明：

（1）按钢筋配料单进行钢筋下料。采用钢筋切断机下料时，要保证其端部不因挤陷而导致丝扣不饱满。要求下料断面垂直钢筋轴线，无马蹄形或弯曲头。

（2）钢筋机械连接接头应采用无齿锯切割，保证端头平直，顶端切口无有碍于套丝质量的斜口、马蹄口或扁头。

（3）用于对焊、电渣压力焊焊接接头的钢筋，应将钢筋端头的热轧弯头或劈裂头切除。

010111 直螺纹丝头加工

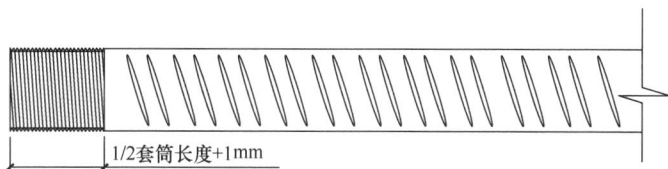

1/2套筒长度+1mm

工艺说明：

（1）端头应平齐，不能有毛刺。

（2）加工直螺纹丝头时，应用水溶性切削液，严禁用机油作切削液或不加切削液加工丝头，直螺纹有效长度范围内不应有断丝扣现象。

（3）丝扣的有效长度为套筒长度的1/2＋1mm。

010112　直螺纹丝头检查

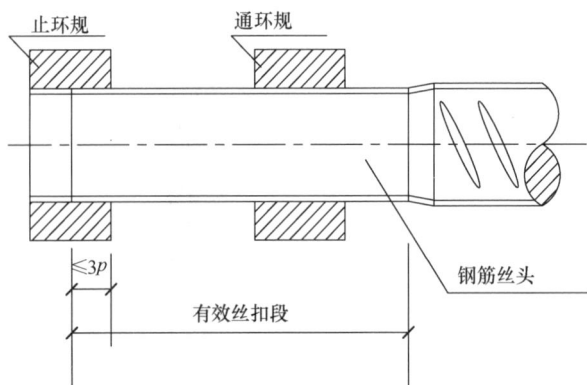

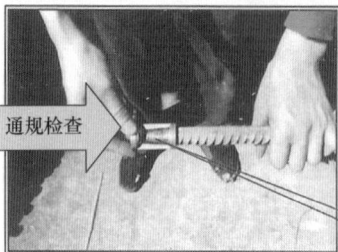

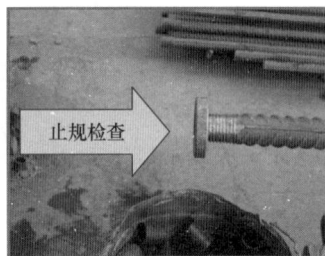

工艺说明：

（1）钢筋丝头有效螺纹数量不得少于设计规定。丝头尺寸采用环规检验，其环通规应能顺利地旋入，环止规旋入长度不超过 $3p$（p 为螺距）。

（2）钢筋丝头螺纹的有效旋合长度用专用丝头卡板检测，允许偏差不大于 $1p$。

010113 直螺纹丝头保护

塑料保护帽

分类码放

工艺说明：

（1）丝头检查合格后用塑料帽盖好，加以保护。

（2）半成品按规格及使用部位分类码放。

第二节　钢　筋　构　造

010201　受拉钢筋锚固长度

受拉钢筋锚固长度 l_a

钢筋种类	混凝土强度等级									
	C20	C25		C30		C35		C40		
	$d{\leqslant}25$	$d{\leqslant}25$	$d{>}25$	$d{\leqslant}25$	$d{>}25$	$d{\leqslant}25$	$d{>}25$	$d{\leqslant}25$	$d{>}25$	
HPB300	$39d$	$34d$	—	$30d$	—	$28d$	—	$25d$	—	
HRB335、HRBF335	$38d$	$33d$	—	$29d$	—	$27d$	—	$25d$	—	
HRB400、HRBF400 RRB400	—	$40d$	$44d$	$35d$	$39d$	$32d$	$35d$	$29d$	$32d$	
HRB500、HRBF500	—	$48d$	$53d$	$43d$	$47d$	$39d$	$43d$	$36d$	$40d$	

钢筋种类	混凝土强度等级							
	C45		C50		C55		≥C60	
	$d{\leqslant}25$	$d{>}25$	$d{\leqslant}25$	$d{>}25$	$d{\leqslant}25$	$d{>}25$	$d{\leqslant}25$	$d{>}25$
HPB300	$24d$	—	$23d$	—	$22d$	—	$21d$	—
HRB335、HRBF335	$23d$	—	$22d$	—	$21d$	—	$21d$	—
HRB400、HRBF400 RRB400	$28d$	$31d$	$27d$	$30d$	$26d$	$29d$	$25d$	$28d$
HRB500、HRBF500	$34d$	$37d$	$32d$	$35d$	$31d$	$34d$	$30d$	$33d$

　　工艺说明：

　　（1）有抗震设防要求的结构，其锚固长度应乘以修正系数：对于一、二级抗震等级取 1.15，对于三级抗震等级取 1.05，对于四级抗震等级取 1.00；环氧树脂涂层带肋钢筋，表中数据乘以 1.25。

　　（2）当钢筋在混凝土施工过程中易受扰动（如滑模施工）时，其锚固长度应乘以修正系数 1.1。

　　（3）在任何情况下，锚固长度不得小于 200mm。

　　（4）HPB300 钢筋当受拉时，其末端应做成 180°弯钩，弯钩平直段长度不应小于 3d；当为受压时，可不做弯钩。

　　（5）当纵向受力钢筋锚固区保护层厚度 c 较大时，修正系数按如下调整：c＝3d 时，修正系数为 0.8；c＝5d 时，修正系数为 0.7。中间按内插取值。

010202 纵筋弯钩锚固和机械锚固

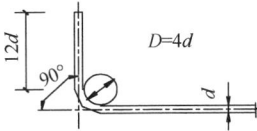

(a) 末端带90°弯钩

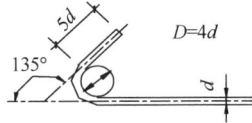

(b) 末端带135°弯钩

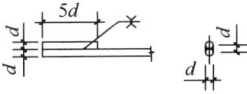

(c) 末端一侧贴焊锚筋

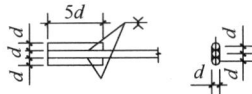

(d) 末端两侧贴焊锚筋

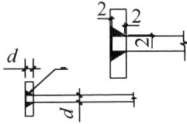

(e) 末端与钢板穿孔塞焊

(f) 末端带螺栓锚头

工艺说明：

(1) 当纵向受力普通钢筋末端采用弯钩或机械锚固措施时，包括弯钩或者锚固端头在内的锚固长度（投影长度）可取为基本锚固长度的60%；

(2) 螺栓锚头和焊接钢板的承压面积不应小于锚固钢筋截面积的4倍；

(3) 受压钢筋不应采用末端弯钩和一侧贴焊的锚固形式。

010203 梁、柱纵向钢筋间距

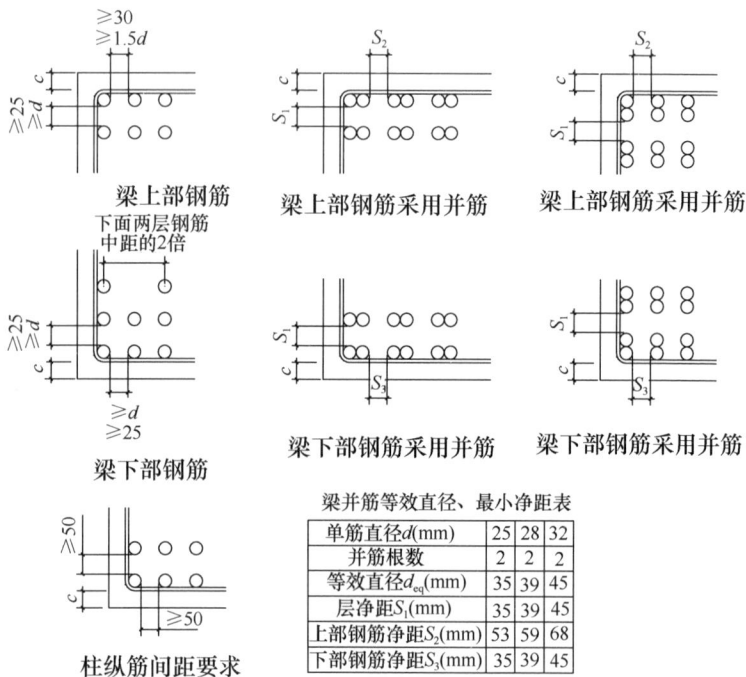

梁上部钢筋

梁上部钢筋采用并筋

梁上部钢筋采用并筋

梁下部钢筋

梁下部钢筋采用并筋

梁下部钢筋采用并筋

柱纵筋间距要求

梁并筋等效直径、最小净距表

单筋直径d(mm)	25	28	32
并筋根数	2	2	2
等效直径d_{eq}(mm)	35	39	45
层净距S_1(mm)	35	39	45
上部钢筋净距S_2(mm)	53	59	68
下部钢筋净距S_3(mm)	35	39	45

工艺说明:

(1) d 为钢筋最大直径,c 为钢筋保护层厚度;

(2) 当采用本图未涉及的并筋形式时,由设计确定;

(3) 并筋连接接头宜按每根单筋错开,接头面积百分比率应按同一连接区段内所有单根钢筋计算,钢筋的搭接长度应按单筋分别计算;

(4) 机械连接套筒的横向净间距不宜小于25mm。

010204 基础梁端部钢筋构造

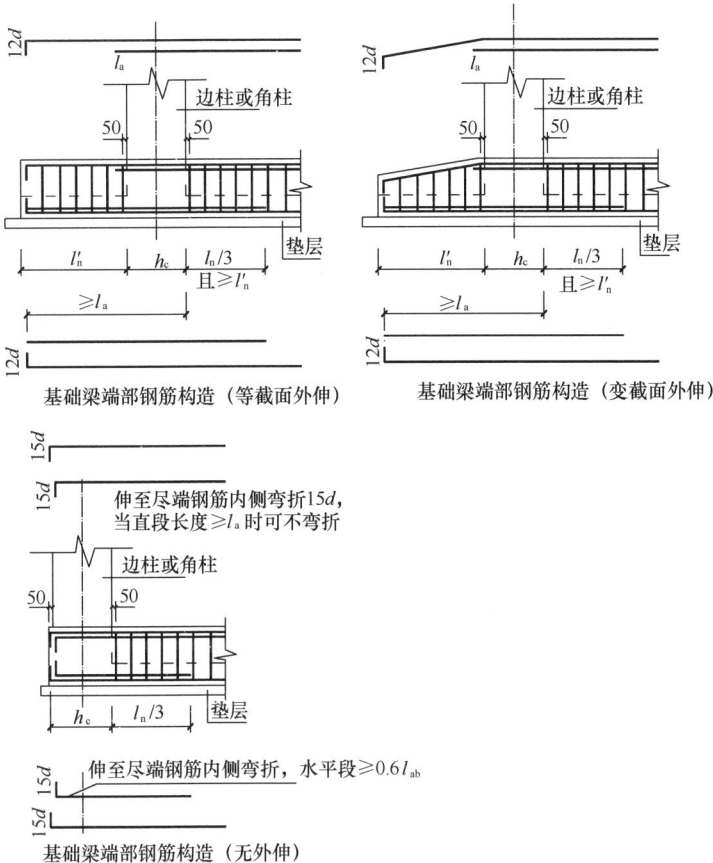

基础梁端部钢筋构造（等截面外伸）

基础梁端部钢筋构造（变截面外伸）

伸至尽端钢筋内侧弯折15d，当直段长度≥l_a时可不弯折

伸至尽端钢筋内侧弯折，水平段≥$0.6l_{ab}$

基础梁端部钢筋构造（无外伸）

工艺说明：

（1）端部等（变）截面外伸构造时，当 $l'_n + h_c \leqslant l_a$ 时，基础梁下部钢筋应伸至端部后弯折，且从柱内边算起水平段长度≥$0.6l_{ab}$，弯折段长度15d；

（2）在端部无外伸构造中，基础梁底部下排与顶部上排纵筋伸至梁包柱侧腋，与侧腋的水平构造钢筋绑扎在一起。

010205 基础板端部钢筋构造（梁板式）

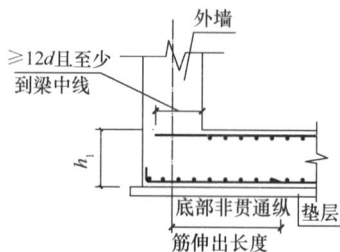

端部无外伸构造(一)

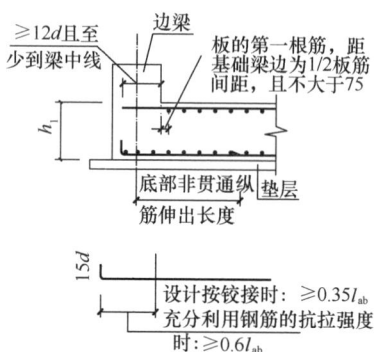

端部无外伸构造(二)

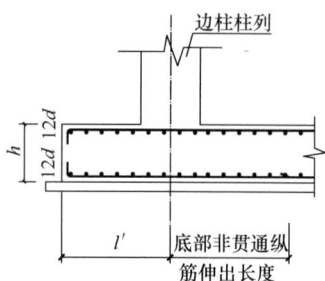

设计按铰接时：$\geqslant 0.35 l_{ab}$
充分利用钢筋的抗拉强度时：$\geqslant 0.6 l_{ab}$

板的第一根筋，距基础梁边为1/2板筋间距，且不大于75

底部非贯通纵筋伸出长度

$\geqslant 15d$，$\geqslant 200$

(a)U形筋构造封边方式

底部与顶部弯钩交错搭接150

(b)纵筋弯钩交错封边方式

端部等截面外伸构造

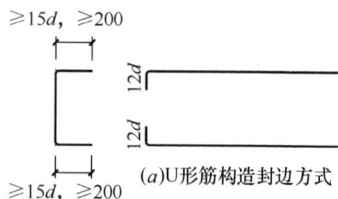

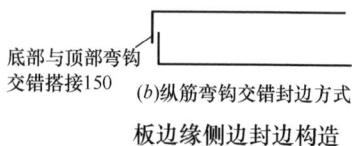

板边缘侧边封边构造

工艺说明：

端部等（变）截面外伸构造中，当从支座内边算起至外伸端头$\leqslant l_a$时，基础平板下部钢筋应伸至端部后弯折$15d$；且从梁（墙）内边算起水平段长度应$\geqslant 0.6 l_{ab}$。

010206 基础平板式、板端部钢筋构造

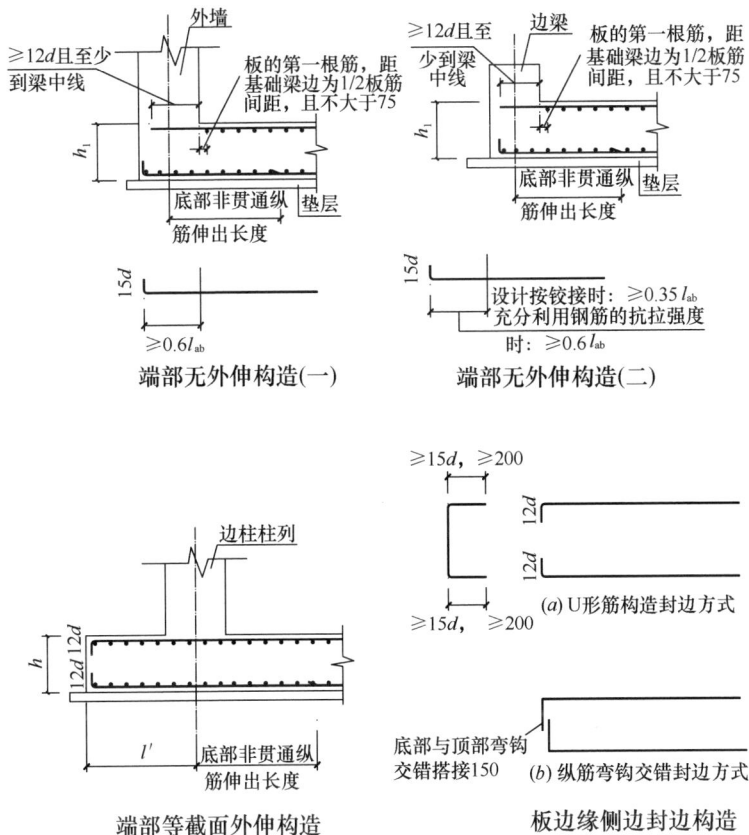

端部无外伸构造(一)

端部无外伸构造(二)

端部等截面外伸构造

(a) U形筋构造封边方式

(b) 纵筋弯钩交错封边方式

板边缘侧边封边构造

工艺说明:

(1) 端部无外伸构造(一)中,当设计指定采用墙外侧纵筋与底板纵筋搭接的做法时,基础底板下部钢筋弯折段应伸至基础顶面标高处(见16G101-3第64页)。

(2) 筏板底部非贯通纵筋伸出长度 l' 由设计确定。

(3) 端部外伸构造封边有两种做法(a)、(b);当设计无要求时,两种做法均可。

010207 基础后浇带钢筋构造

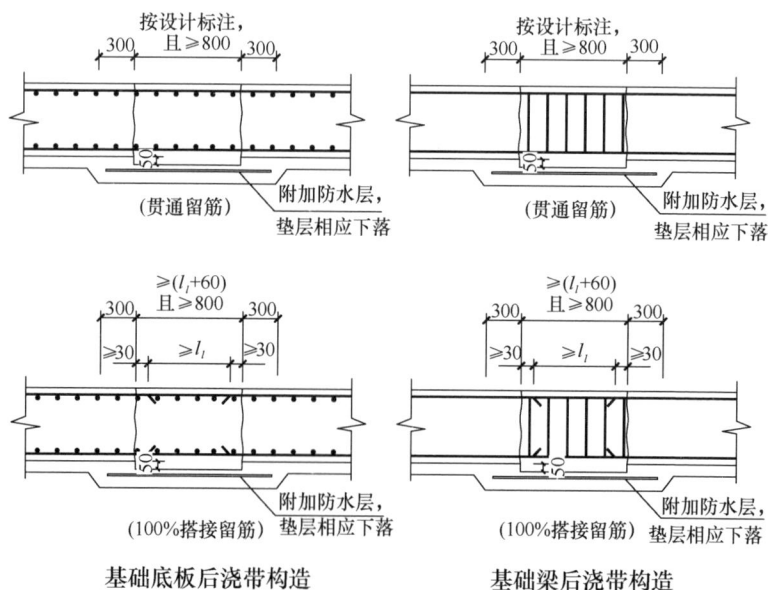

基础底板后浇带构造

基础梁后浇带构造

工艺说明：

（1）后浇带两侧可采用钢筋支架单层钢丝网或单层钢板网隔断，或直接采用快易收口网隔断；当后浇混凝土时，应将其表面浮浆剔除；

（2）后浇带钢筋宜采用"贯通留筋"方式，具体工程中，后浇带钢筋构造详见设计图纸。

010208　墙体插筋

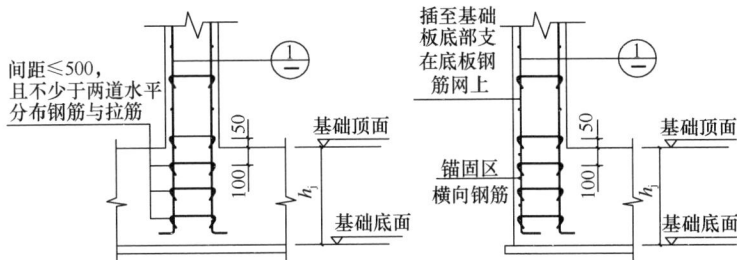

墙插筋在基础中锚固构造（一）　墙插筋在基础中锚固构造（二）

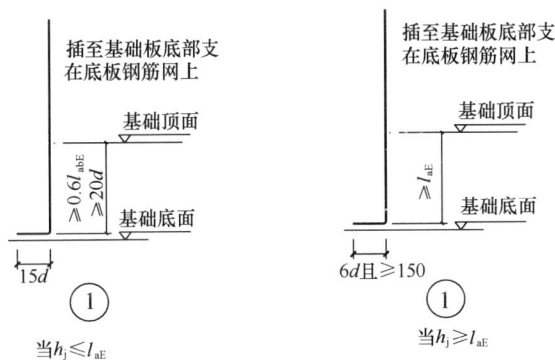

当 $h_j \leqslant l_{aE}$　　　　　　　　当 $h_j \geqslant l_{aE}$

工艺说明：

（1）图中 h_j 为基础底面至基础顶面的高度。对于带基础梁的基础为基础梁顶面至基础梁底面的高度。

（2）锚固区横向钢筋应满足直径 $\geqslant d/4$（d 为插筋最大直径），间距 $\leqslant 10d$（d 为插筋最小直径）且 $\leqslant 100$ 的要求。

010209 剪力墙竖向钢筋顶部构造

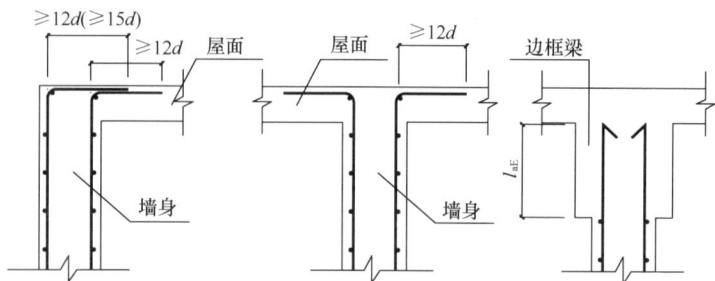

（括号内数值是考虑屋面板上部钢筋与剪力墙侧向竖向钢筋搭接传力时的做法）

工艺说明：

（1）当设计与施工图集要求不同时，应与设计协商，办理相应变更手续确定取值大小；

（2）上图为剪力墙结构几种常见的锚固方式。钢筋具体锚固形式可按照《混凝土结构施工图平面整体表示方法制图规则和构造详图》（16G101）的要求施工。

010210 剪力墙变截面竖向钢筋构造

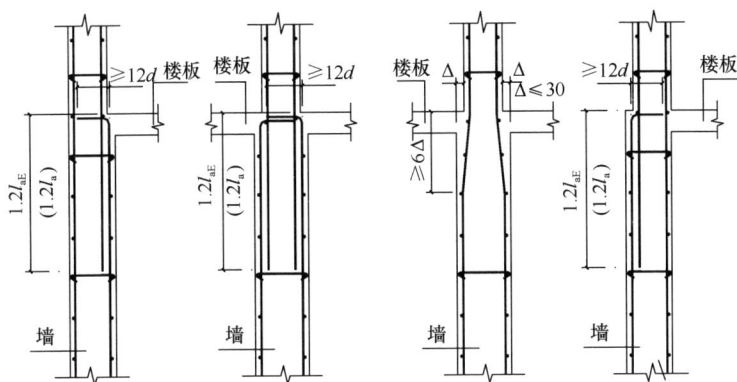

剪力墙变截面处竖向分布钢筋构造

工艺说明：

（1）当设计与施工规范要求不同时，应与设计交涉，办理相应变更手续确定取值大小；

（2）上图为剪力墙结构变截面处几种常见的锚固方式，均考虑一、二级抗震。钢筋具体锚固形式可按照《混凝土结构施工图平面整体表示方法制图规则和构造详图》（16G101）的要求施工。

010211 剪力墙端部水平钢筋构造

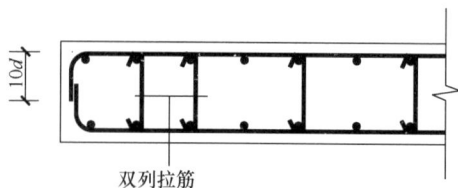

双列拉筋

无暗柱时剪力墙水平钢筋构造

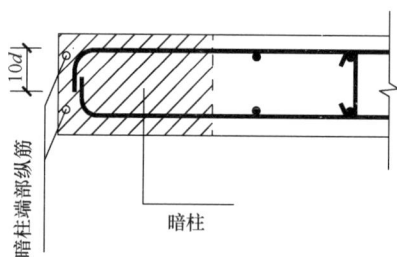

暗柱端部纵筋

暗柱

有暗柱时剪力墙水平钢筋构造

工艺说明：

剪力墙端部水平钢筋应伸至对边且有10d直拐，施工中注意控制水平钢筋应伸至对边竖筋内侧。

010212 翼墙端部水平钢筋构造

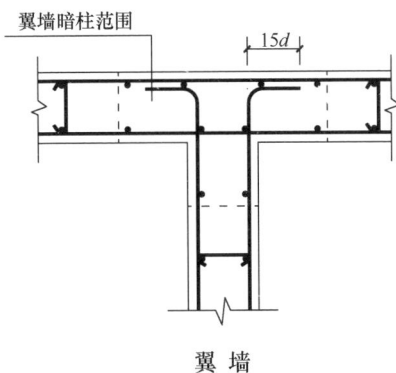

翼墙暗柱范围

$15d$

翼 墙

工艺说明：

翼墙端部水平钢筋应伸至对边且有 $15d$ 直拐，施工中注意控制水平钢筋应伸至对边竖筋内侧，转角墙外侧水平筋应连续通过转弯。

010213　斜交墙端部水平钢筋构造

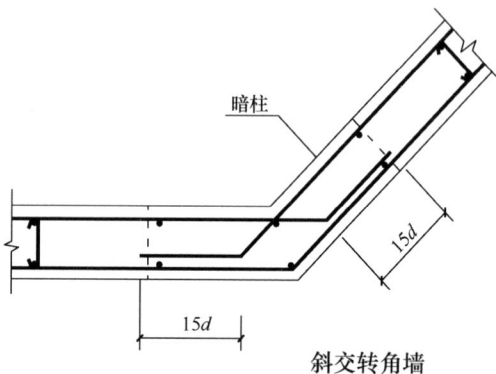

斜交转角墙

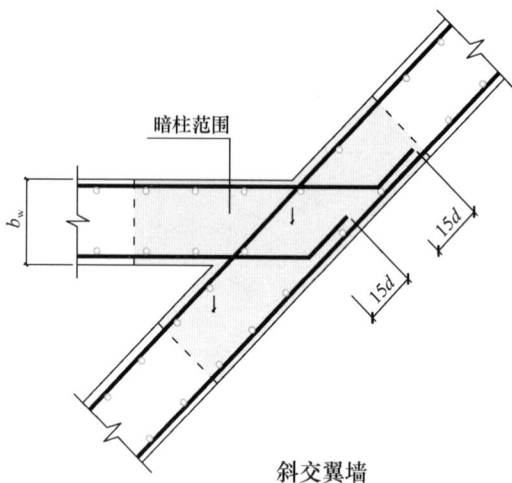

斜交翼墙

工艺说明：

　　斜交墙端部水平钢筋应伸至对边且有15d直拐，施工中注意控制水平钢筋应伸至对边竖筋内侧，转角墙外侧水平筋应连续通过转弯。

010214 转角墙端部水平钢筋构造

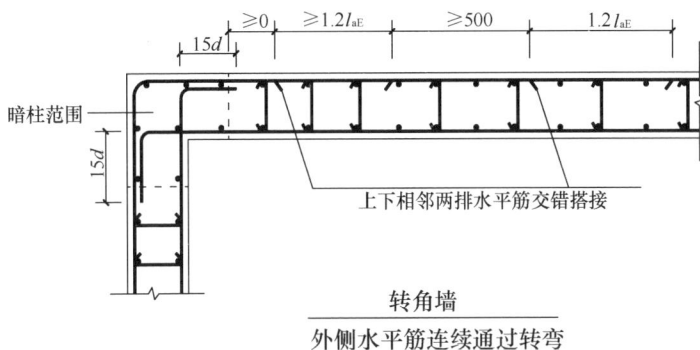

上下相邻两排水平筋交错搭接

转角墙
外侧水平筋连续通过转弯

工艺说明：
　　转角墙端部水平钢筋应伸至对边且有15d直拐，施工中注意控制水平钢筋应伸至对边竖筋内侧，转角墙外侧水平筋应连续通过转弯。

010215 有端柱时剪力墙水平钢筋构造

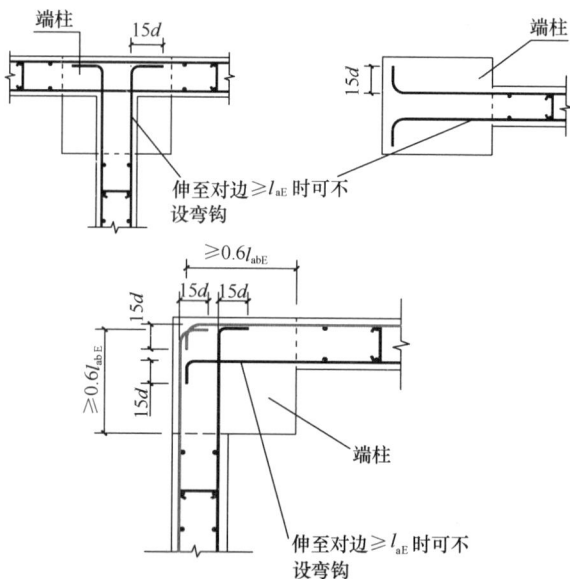

工艺说明：
（1）施工中注意水平筋端部弯钩不是必须设置的，如果端柱尺寸较大，水平筋（红色钢筋除外）伸至对边≥l_{aE}可不设弯钩；图示红色钢筋应伸至端柱对边紧贴角筋弯折。
（2）需注意有弯钩时端柱内钢筋水平锚固段应≥0.6l_{abE}。

010216 约束边缘构造

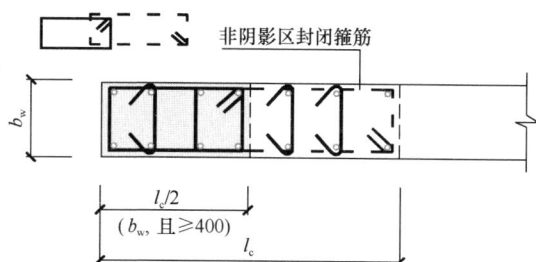

非阴影区外圈设置封闭箍筋

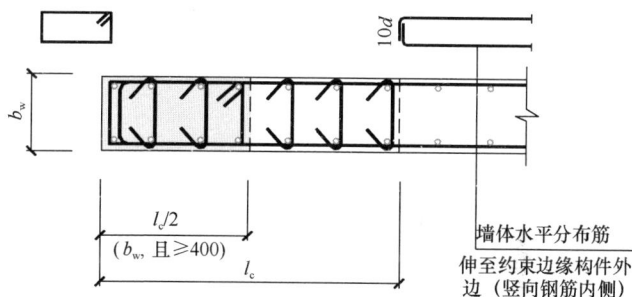

非阴影区外圈封闭箍筋由墙体水平分布筋替代

工艺说明：

（1）构件的具体尺寸及钢筋配置由设计标注；

（2）剪力墙约束边缘构件非阴影区竖向钢筋即为剪力墙竖向分布筋的一部分，与竖向分布筋一同排布，非阴影区长度依据设计要求取剪力墙竖向分布筋的整数倍；

（3）非阴影区外圈可设置封闭箍筋或满足条件时由剪力墙水平分布筋替代，具体方案由设计确定。

010217　柱子插筋

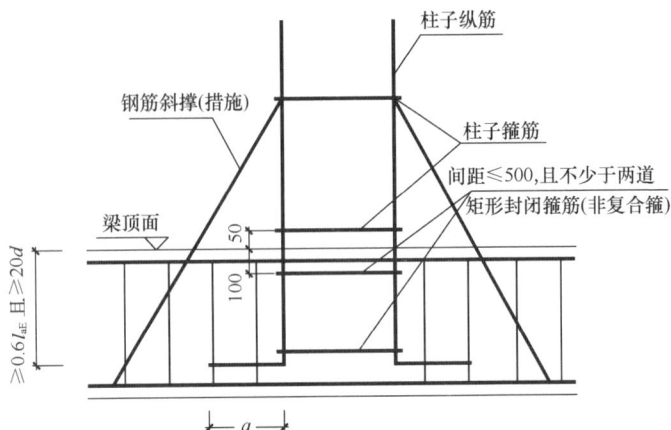

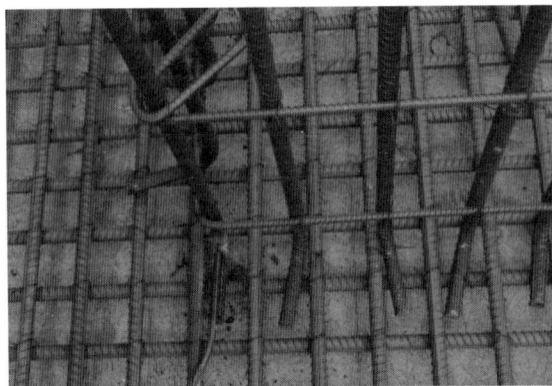

工艺说明：

（1）柱插筋应伸至基础底部并支在基础底部钢筋网片上；

（2）a 为锚固钢筋的弯折段长度，当插筋在基础内的直段长度 $\geqslant l_{aE}$ 时，图中 $a=6d$ 且 $\geqslant 150$mm，其他情况 $a=15d$。

010218 框架柱角（边）柱主筋收头

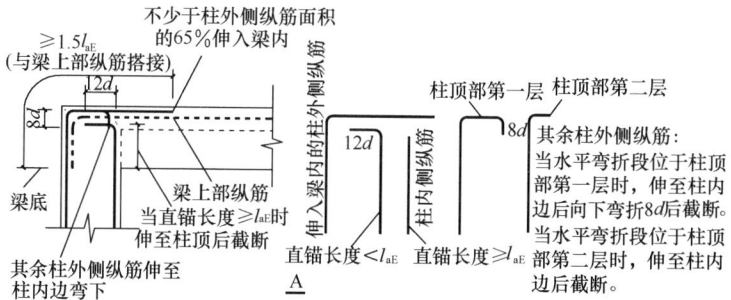

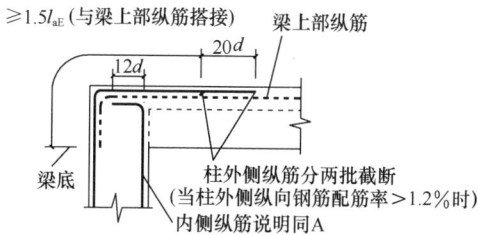

不少于柱外侧纵筋面积的65%伸入梁内

≥1.5l_{aE}（与梁上部纵筋搭接）

伸入梁内的柱外侧纵筋

12d

梁上部纵筋

当直锚长度≥l_{aE}时伸至柱顶后截断

梁底

其余柱外侧纵筋伸至柱内边弯下

柱顶部第一层　柱顶部第二层

8d

其余柱外侧纵筋：当水平弯折段位于柱顶部第一层时，伸至柱内边向下弯折8d后截断。当水平弯折段位于柱顶部第二层时，伸至柱内边后截断。

12d

柱外侧纵筋

柱内侧纵筋

直锚长度<l_{aE}　直锚长度≥l_{aE}

A

≥1.5l_{aE}（与梁上部纵筋搭接）

梁上部纵筋

12d　20d

梁底

柱外侧纵筋分两批截断（当柱外侧纵向钢筋配筋率＞1.2%时）

内侧纵筋说明同A

B

全部柱外侧纵筋伸入现浇梁及板内

工艺说明：

（1）根据（16G101-1图集要求，边角）柱主筋收头做法有多种类型，施工中多采用以上类型；

（2）该种类型又分为A、B两种做法，施工中如设计无特殊说明，施工单位可根据实际情况自主选用。

010219　框架柱中柱主筋收头

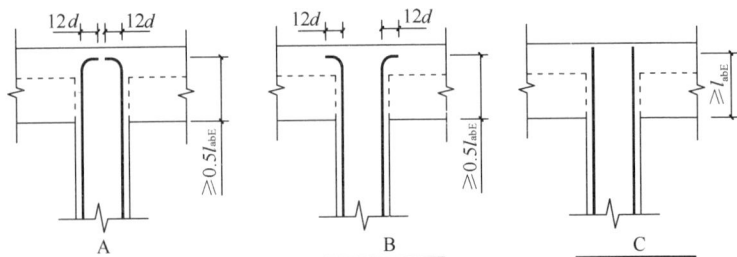

A

当直锚长度$<l_{aE}$时,柱纵筋伸至柱顶向节点内弯折

B

(当直锚长度$<l_{aE}$,且顶层为现浇混凝土板,板厚$\geqslant100\,\text{mm}$时,柱纵筋伸至柱顶向节点内弯折)

C

(当直锚长度$\geqslant l_{aE}$时,柱纵筋伸至柱顶直锚)

工艺说明:

(1) 中柱主筋收头有三种构造做法,施工单位可根据截面尺寸和现场情况进行选用;

(2) 无论主筋端头是否弯折,主筋均应伸至柱顶。

010220 框架柱变截面处钢筋构造

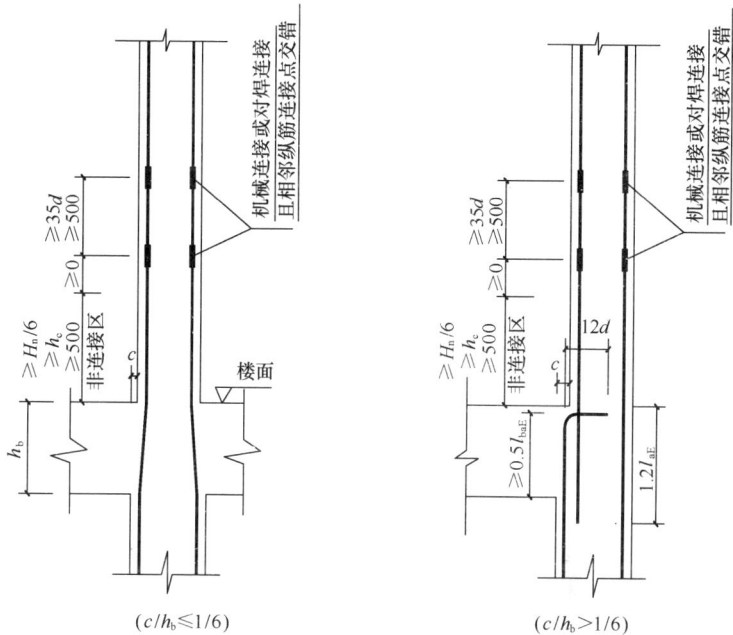

$(c/h_b \leq 1/6)$　　　　　　　$(c/h_b > 1/6)$

工艺说明：

(1) 框架柱变截面处主筋必须满足宽高比不大于 1：6 时方可进行打弯处理，否则下部主筋必须断开，上部重新插筋。

(2) 保证上部钢筋锚入长度达到 $1.2l_{aE}$。

010221　框架柱钢筋变径、变数量构造

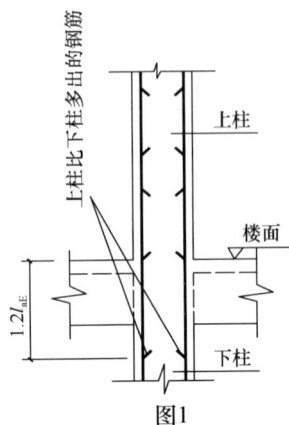

图1

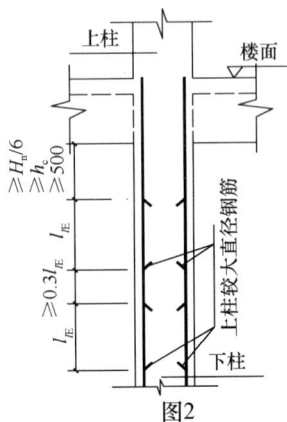

图2

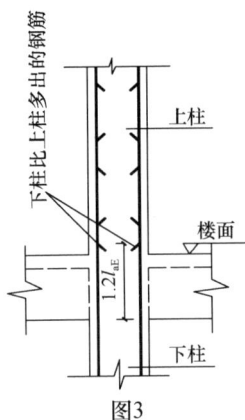

图3

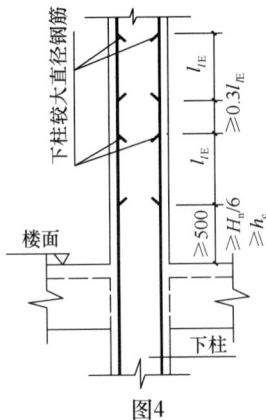

图4

工艺说明：

（1）上柱钢筋比下柱多时见图1，上柱钢筋直径比下柱钢筋直径大时见图2，下柱钢筋比上柱多时见图3，下柱钢筋直径比上柱钢筋直径大时见图4；

（2）图中为绑扎搭接，也可采用机械连接和焊接连接。

010222 框支梁构造

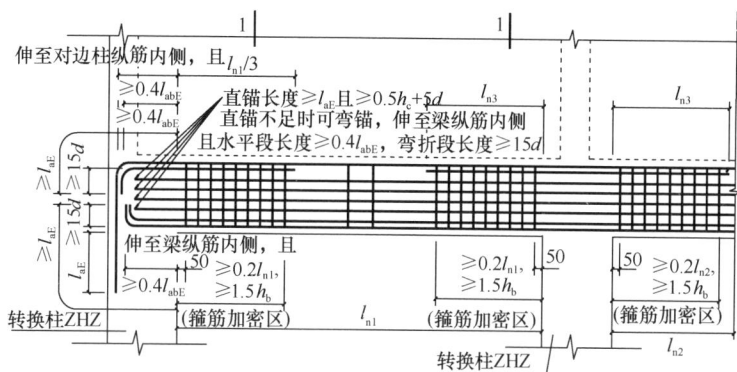

框支梁KZL

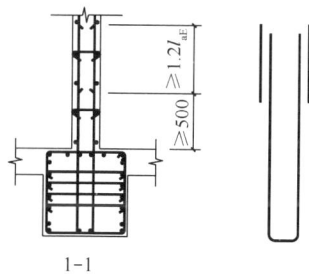

1—1

工艺说明:

(1) 当梁下部纵筋和侧面纵筋直锚长度$\geq l_{aE}$且$\geq 0.5h_c+5d$时,可不需要往上或水平弯锚;

(2) 拉筋直径同箍筋,水平间距为非加密区箍筋间距的2倍,竖向沿梁高间距≤ 200,上下相邻两排拉筋错开设置;

(3) 梁纵向钢筋宜采用机械连接接头,同一截面内接头钢筋截面面积不应超过全部纵筋截面面积的50%。

010223 梁中间支座下部钢筋构造

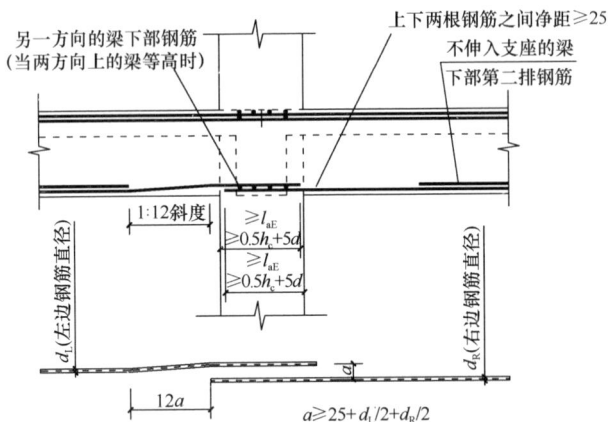

梁中间支座下部钢筋构造

（括号内为非抗震框架梁下部纵筋的锚固长度）

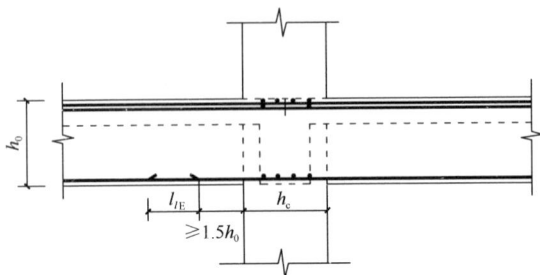

中间层中间节点
梁下部钢筋在节点外搭接

（注：可机械连接或焊接）

工艺说明：

（1）当梁下部钢筋不能在柱内锚固时，可在节点外搭接，搭接位置设在支座1/3净跨范围内，且避开梁端箍筋加密区，并位于较小直径一跨；

（2）非抗震设计时，当计算中不利用钢筋的强度时（与设计进行明确），梁下部钢筋伸入支座内长度可为 $12d$。

010224 框架中间层端节点构造

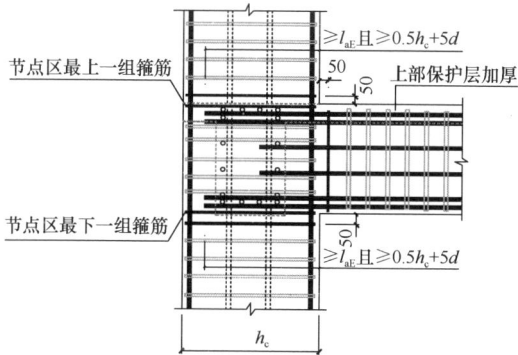

框架中间层端节点构造（一）

梁纵筋在支座处直锚

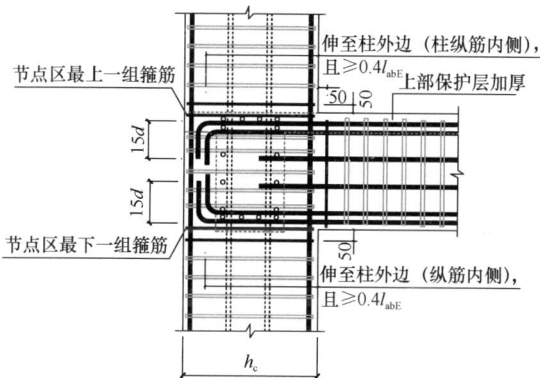

框架中间层端节点构造（二）

梁纵筋在支座处弯锚（弯折段未重叠）

工艺说明：

（1）当梁筋伸入端柱内长度≥l_{aE}且≥$0.5h_c+5d$，梁筋可以采用直锚形式；

（2）采用弯锚形式是，直段长度应满足≥$0.4l_{abE}$，若无法满足，应与设计进行协商。

010225　框架中间层中间节点构造（一）

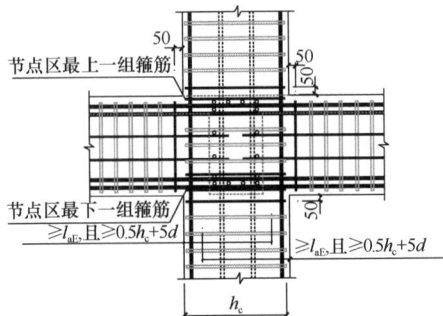

节点区最上一组箍筋
节点区最下一组箍筋
$\geqslant l_{aE}$，且$\geqslant 0.5h_c+5d$
$\geqslant l_{aE}$，且$\geqslant 0.5h_c+5d$
h_c

框架中间层中间节点构造（一）

①

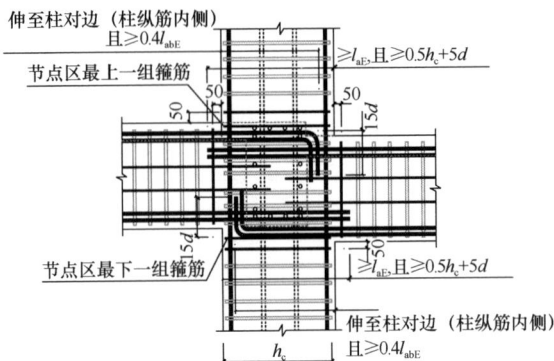

伸至柱对边（柱纵筋内侧）
且$\geqslant 0.4l_{abE}$
节点区最上一组箍筋
$\geqslant l_{aE}$，且$\geqslant 0.5h_c+5d$
15d
节点区最下一组箍筋
$\geqslant l_{aE}$，且$\geqslant 0.5h_c+5d$
伸至柱对边（柱纵筋内侧）
且$\geqslant 0.4l_{abE}$
h_c

框架中间层中间节点构造（二）

节点两侧梁顶（或梁底）标高不同　②

工艺说明：

（1）当框架梁两侧高度相同时，梁筋伸入支座长度满足$\geqslant l_{aE}$且$\geqslant 0.5h_c+5d$时，梁筋可以采用直锚形式；

（2）当框架梁两侧标高不同时，上梁的下部钢筋和下梁的上部钢筋可以按$\geqslant l_{aE}$且$\geqslant 0.5h_c+5d$长度直锚；上梁的上部钢筋和下梁的下部钢筋要伸至柱外边（柱纵筋内侧）且$\geqslant 0.4l_{aE}$，弯锚长度$15d$。

010226 框架中间层中间节点构造（二）

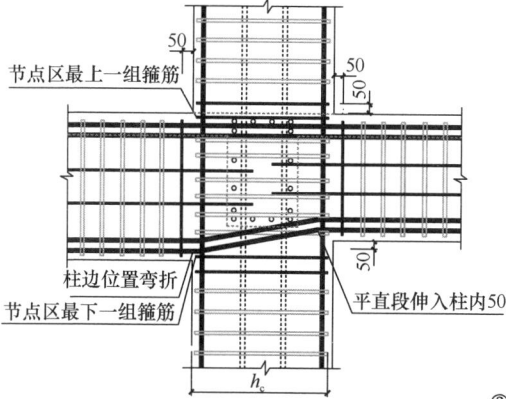

节点区最上一组箍筋
50
50
50

柱边位置弯折
节点区最下一组箍筋
平直段伸入柱内50
50

h_c

③

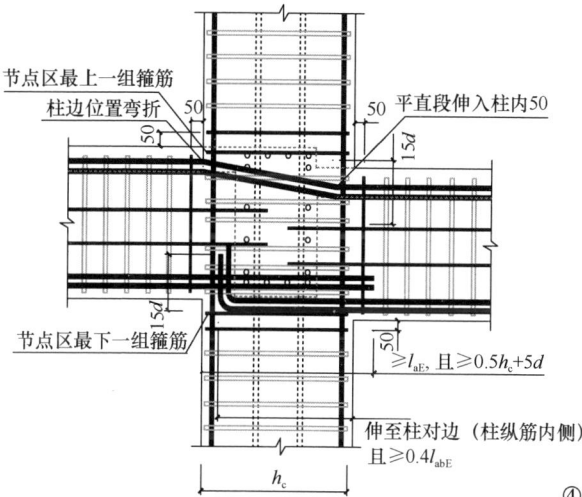

节点区最上一组箍筋
柱边位置弯折
平直段伸入柱内50
50
50
$15d$

$15d$
节点区最下一组箍筋
50
$\geqslant l_{aE}$，且 $\geqslant 0.5h_c+5d$

伸至柱对边（柱纵筋内侧）
且 $\geqslant 0.4l_{abE}$

h_c

④

工艺说明：
框架中间层中间节点梁底标高不同，且 $c/(h_c-50)\leqslant$
1/6时，梁上、下部同位置的相同纵筋可弯折贯通。

010227　框架中间层端节点梁加腋构造

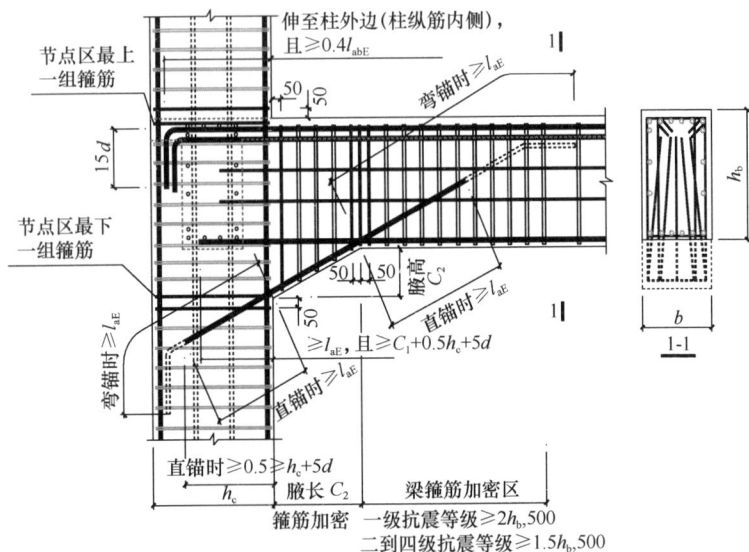

工艺说明：

（1）括号内尺寸用于非抗震；

（2）柱纵筋进入节点位置从梁腋底部计算，梁腋下部斜纵筋，箍筋及梁下部纵筋在节点处的锚固构造与本图节点构造相同；

（3）梁腋下部斜纵筋根数不大于伸入支座的梁下部纵筋根数 n 的 $n-1$（且不少于2根），并对称插空放置，具体设置应以设计要求为准。

010228 框架中间层中间节点梁加腋构造

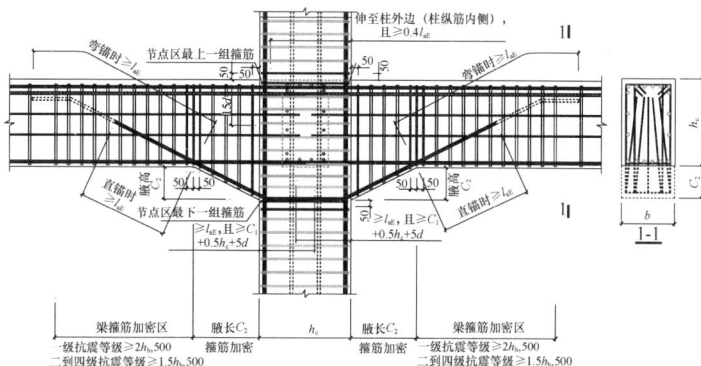

框架中间层端节点梁加腋构造(一)

节点两侧加腋纵筋贯通配置

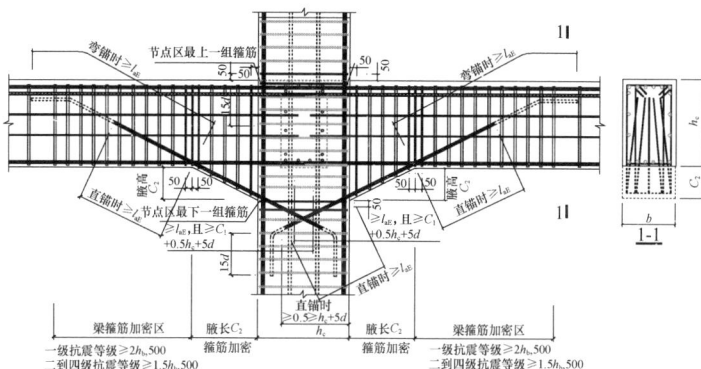

框架中间层端节点梁加腋构造(二)

节点两侧加腋纵筋分离配置

工艺说明:

(1) 括号内尺寸用于非抗震;

(2) 当节点两侧加腋纵筋位置与配筋相同时,采用构造(一),当节点两侧加腋纵筋位置或配筋不同时,采用构造(二);

(3) 框架顶层中间节点梁加腋时,柱纵筋进入节点位置从梁腋底部计算,梁腋下部斜纵筋、箍筋及梁下部纵筋在节点处的锚固构造与本图节点构造相同。

010229 悬挑梁钢筋构造

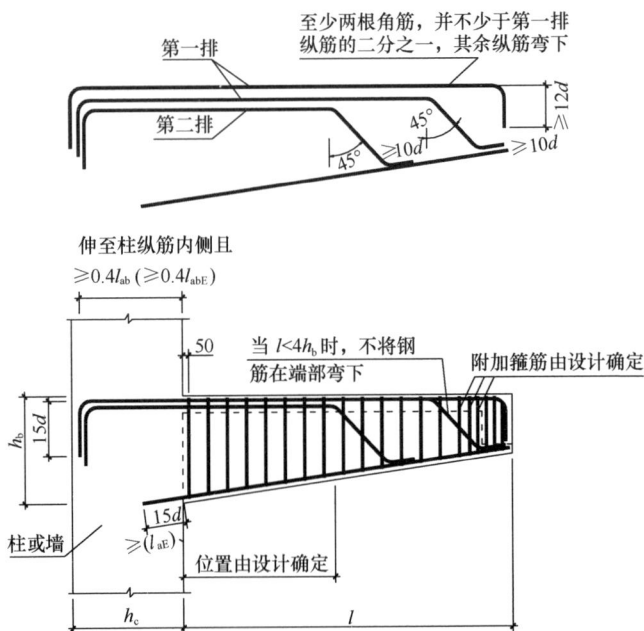

悬挑梁钢筋排布构造详图一
（悬挑梁钢筋直接锚固到墙或柱）

工艺说明：

（1）当悬挑梁左侧有框架梁，且标高低于左侧梁标高时，悬挑梁上部钢筋锚入后部梁中，或采用后部框架梁钢筋；

（2）悬挑梁下部纵筋锚固具体是否采用 l_{aE}，由设计确定；

（3）悬挑梁纵筋弯折构造和端部附加箍筋构造要求由设计确定；

（4）悬挑梁上部纵筋不应在梁上部切断。

010230 板加腋钢筋构造

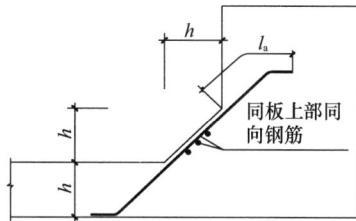

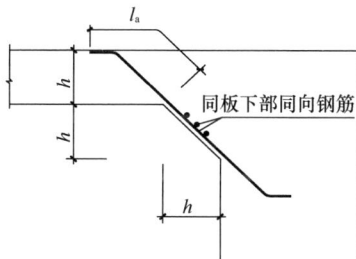

工艺说明：

(1) 设计有说明时，按设计要求进行；

(2) 加腋钢筋同板钢筋。

010231　升降板钢筋构造（一）

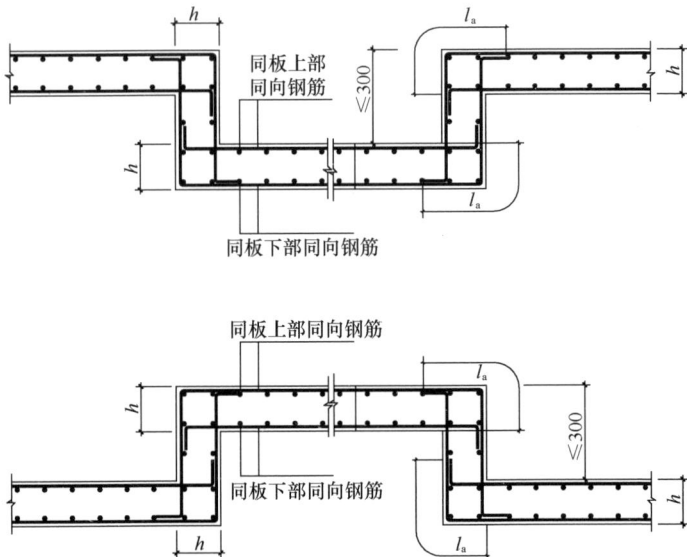

工艺说明：

（1）局部升降板升高与降低的高度限定为≤300，当高度大于300时，设计应补充配筋构造图；

（2）局部升降板的下部与上部配筋宜为双向贯通筋。

010232 升降板钢筋构造（二）

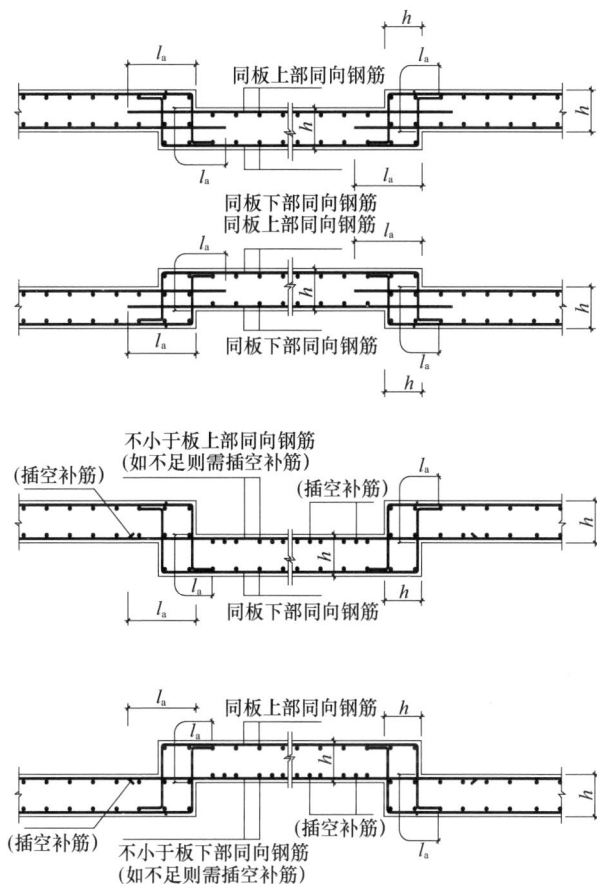

工艺说明：

（1）适用于局部升降板升高和降低的高度小于板厚的情况；

（2）局部升降板的下部与上部配筋宜为双向贯通筋。

010233 悬挑板配筋构造

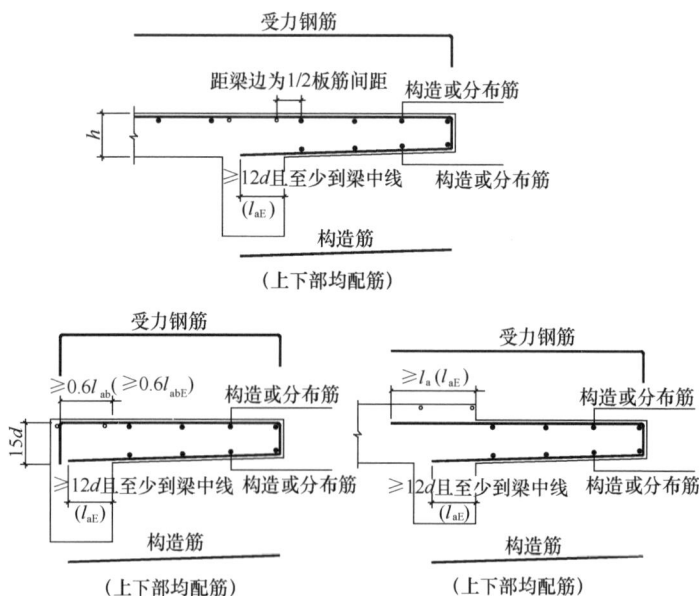

（上下部均配筋）

（上下部均配筋）   （上下部均配筋）

工艺说明：

（1）悬挑板下部钢筋配置由设计确定；

（2）括号内数值用于需考虑竖向地震作用时（由设计明确）；

（3）在钢筋绑扎、混凝土浇筑过程中，严禁将上部钢筋踩塌，确保其位置准确。

010234　阳角放射筋构造

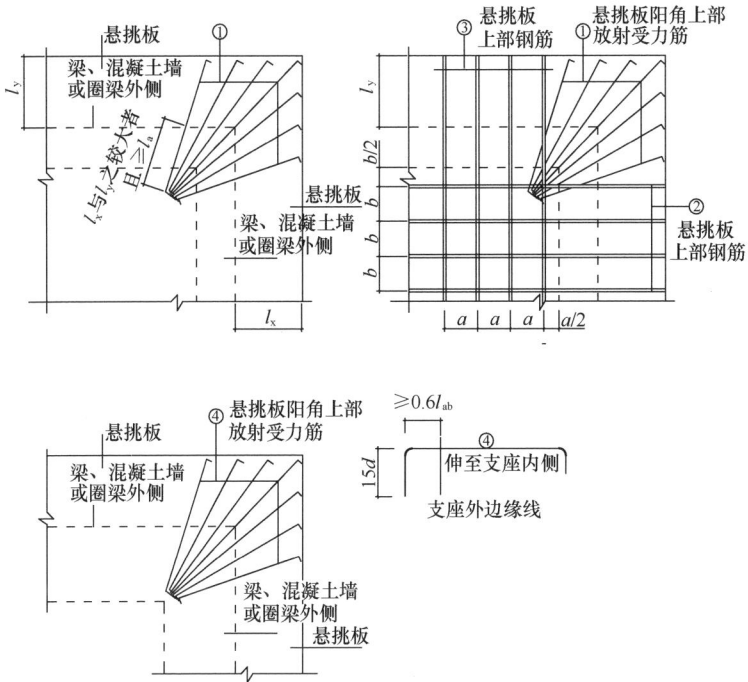

工艺说明：

（1）悬挑板内，①～③筋应位于同一层面；

（2）在支座和跨内，①号筋应向下斜弯到②号与③号筋下面与两筋交叉并向跨内平伸；

（3）放射钢筋与悬挑板最外侧上部钢筋之间距离、放射钢筋之间间距不应大于200mm，以悬挑板中线处钢筋间距为准。

010235 板翻边钢筋构造

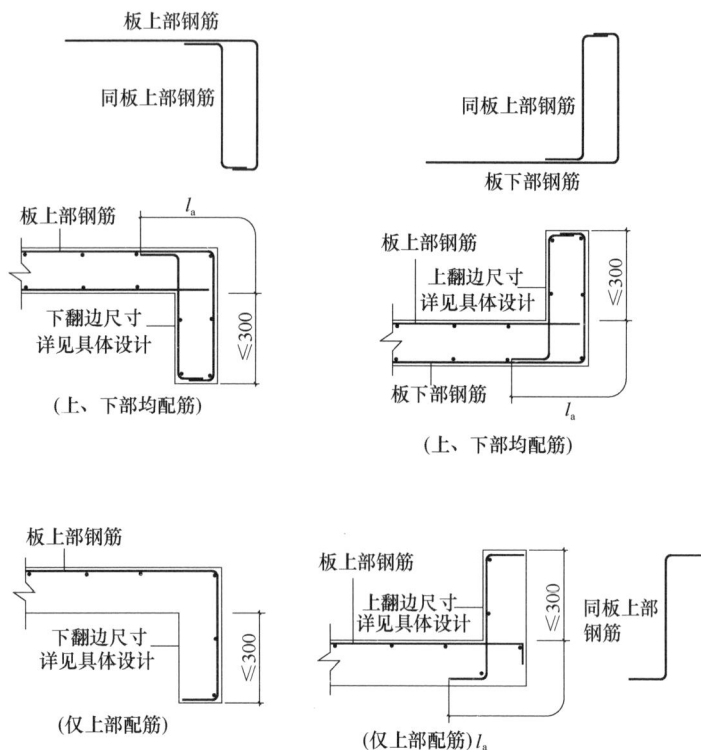

（上、下部均配筋）

（上、下部均配筋）

（仅上部配筋）

（仅上部配筋）l_a

工艺说明：

（1）上、下翻边尺寸详见具体设计；

（2）板下部配筋要求由设计确定。

010236　楼梯第一跑与基础连接构造

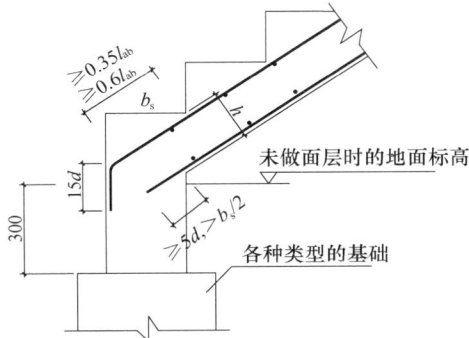

各类型楼梯第一跑与基础连接构造(一)

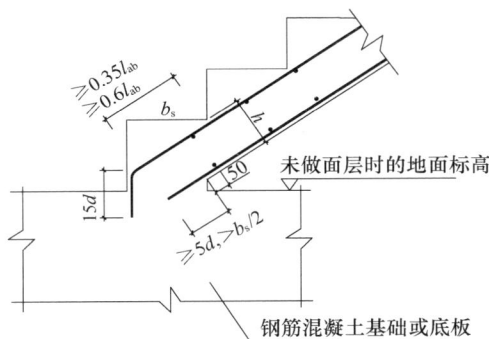

各类型楼梯第一跑与基础连接构造(二)

工艺说明：

(1) 当为滑动支座时，参见16G101-2图集第41页；

(2) 当楼梯板型号为ATc时，图中 l_{ab} 应改为 l_{abE}，下部纵筋锚固要求同上部纵筋，且平直段长度应不小于 $0.6l_{abE}$；

(3) 上部纵筋需伸至支座对边再向下弯折；

(4) 图中上部纵筋锚固长度 $0.35l_{ab}$ 用于设计按铰接的情况，括号内数据 $0.6l_{ab}$ 用于设计考虑充分发挥钢筋抗拉强度的情况，由设计明确。

010237 楼梯梯板钢筋构造（一）

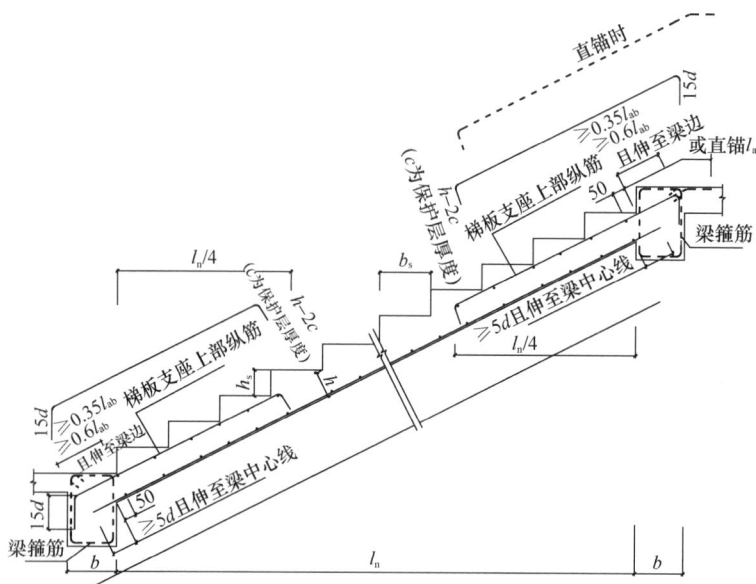

工艺说明：

（1）该楼梯为 AT 型楼梯梯板钢筋典型构造，其他形式楼梯参照图集 16G101 执行；

（2）上部纵筋需伸至支座对边再向下弯折；

（3）图中上部纵筋锚固长度 $0.35l_{ab}$ 用于设计按铰接的情况，括号内数据 $0.6l_{ab}$ 用于设计考虑充分发挥钢筋抗拉强度的情况，由设计明确；

（4）有条件时上部纵筋宜直接伸入平台板内锚固或与平台钢筋合并，从支座内边算起总锚固长度不小于 l_a，如图虚线。

010238 楼梯梯板钢筋构造（二）

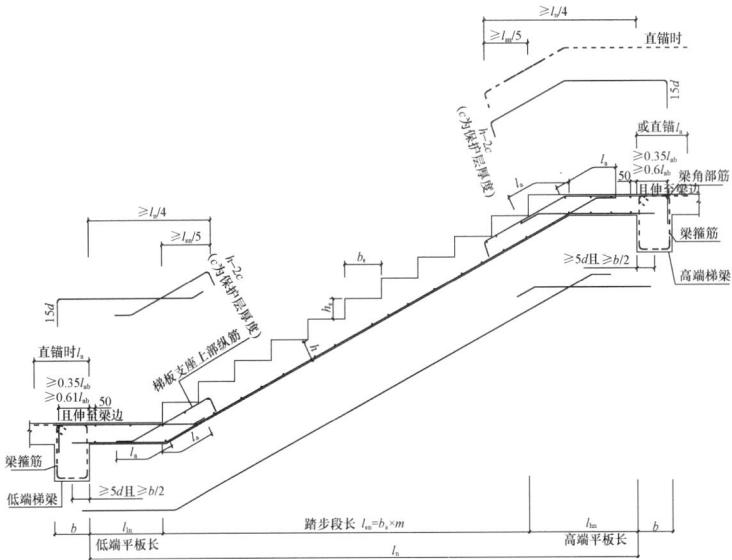

工艺说明：

（1）该图为 DT 型楼梯梯板钢筋典型构造，其他型式楼梯参照图集 16G101 执行；

（2）上部纵筋需伸至支座对边再向下弯折；

（3）图中上部纵筋锚固长度 $0.35l_{ab}$ 用于设计按铰接的情况，括号内数据 $0.6l_{ab}$ 用于设计考虑充分发挥钢筋抗拉强度的情况，由设计明确；

（4）有条件时上部纵筋宜直接伸入平台板内锚固或与平台钢筋合并，从支座内边算起总锚固长度不小于 l_a，如图虚线。

010239   楼梯平台钢筋构造

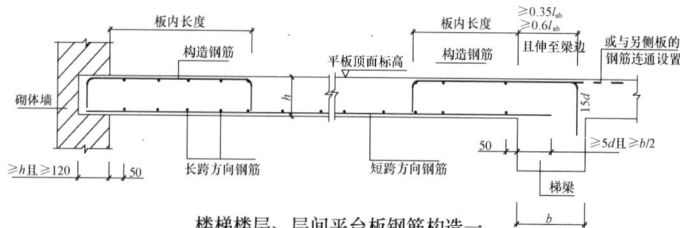

楼梯楼层、层间平台板钢筋构造一

(板长跨方向嵌固在砌体墙体内时，其支座配筋构造与左边支座相同)

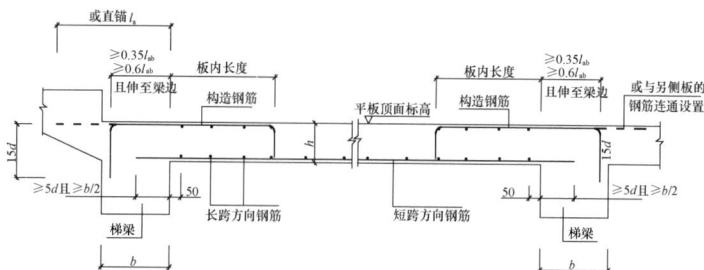

楼梯楼层、层间平台板钢筋构造二

(板长跨方向与混凝土梁或剪力墙浇筑在一起时，其支座配筋构造与右边支座相同)

工艺说明：

（1）上部纵筋需伸至支座对边再向下弯折。

（2）图中上部纵筋锚固长度 $0.35l_{ab}$ 用于设计按铰接的情况，括号内数据 $0.6l_{ab}$ 用于设计考虑充分发挥钢筋抗拉强度的情况，由设计明确。

010240 墙体洞口钢筋

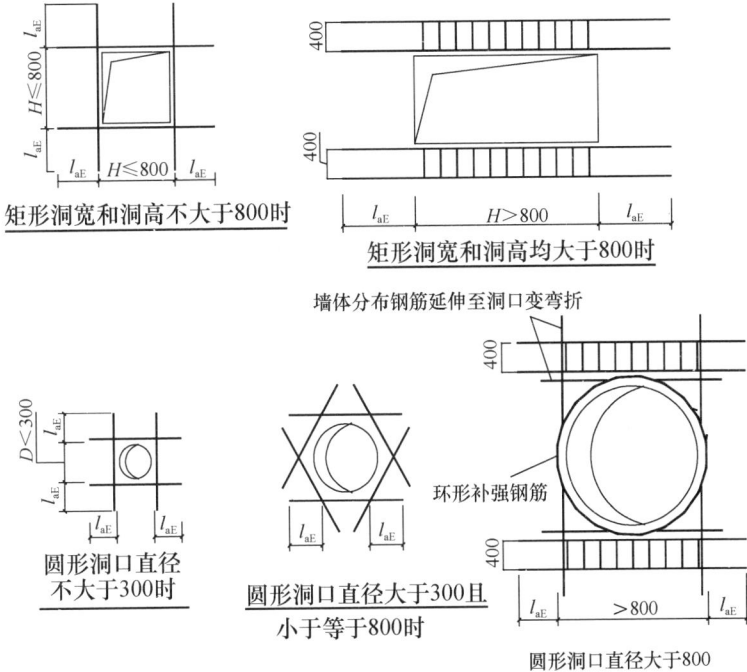

矩形洞宽和洞高不大于800时

矩形洞宽和洞高均大于800时

墙体分布钢筋延伸至洞口变弯折

圆形洞口直径
不大于300时

圆形洞口直径大于300且
小于等于800时

环形补强钢筋

圆形洞口直径大于800

工艺说明:

(1) 当设计注写补强钢筋时,按注写值补强。

(2) 当设计未注写时,所配钢筋直径不小于12mm,且不小于同向被切断纵向钢筋总面积的50%补强。

(3) 洞口上下补强暗梁配筋按设计标注。

(4) 非抗震结构,图中锚固长度l_{aE}应为l_a。

010241 板上洞口钢筋

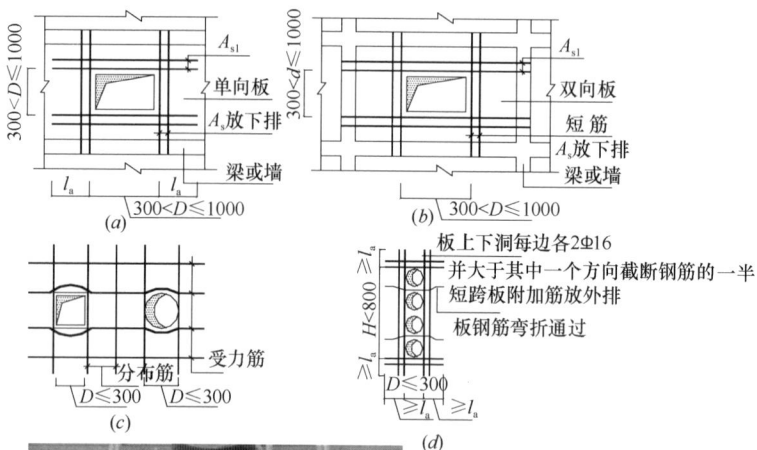

工艺说明：

（1）洞口尺寸≤300mm时，钢筋绕过洞口，洞口尺寸>300mm时，洞口设附加筋。

（2）补强钢筋伸入支座的锚固方式无设计标注时同板中钢筋。

010242　穿梁管洞加强筋

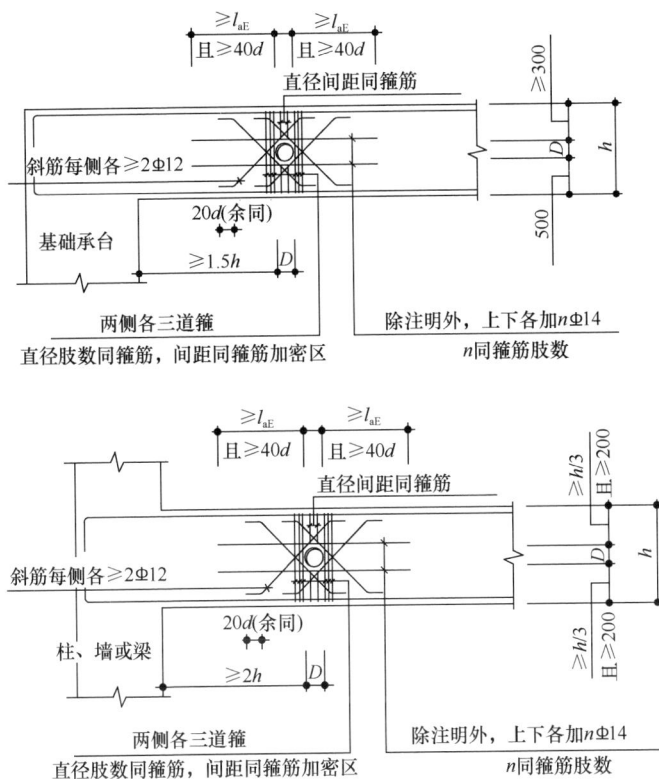

图中标注：

≥l_{aE}　≥l_{aE}
且≥40d　且≥40d

直径间距同箍筋

≥300

斜筋每侧各≥2Φ12

D　h

20d(余同)

500

基础承台

≥1.5h　D

两侧各三道箍

除注明外，上下各加nΦ14

直径肢数同箍筋，间距同箍筋加密区

n同箍筋肢数

图中标注：

≥l_{aE}　≥l_{aE}
且≥40d　且≥40d

直径间距同箍筋

≥$h/3$≥200

斜筋每侧各≥2Φ12

D　h

20d(余同)

≥$h/3$≥200

柱、墙或梁

≥2h　D

两侧各三道箍

除注明外，上下各加nΦ14

直径肢数同箍筋，间距同箍筋加密区

n同箍筋肢数

工艺说明：

（1）当在基础承台梁上开洞时洞口尺寸 $D \leqslant h/5$，连续开洞净距 $> 4D$；

（2）当在框架梁上开洞时洞口尺寸 $D \leqslant h/5$，且 $\leqslant 150mm$，连续开洞净距 $> 3D$。

010243 框架柱端部箍筋加密

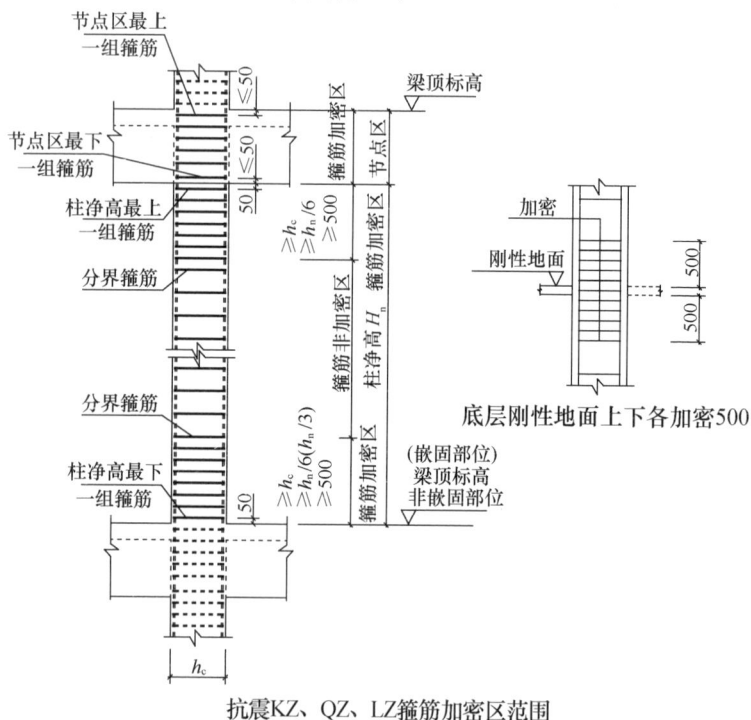

抗震KZ、QZ、LZ箍筋加密区范围

底层刚性地面上下各加密500

工艺说明：

（1）在不同配置要求的箍筋区域分界处设置一道分界箍筋，分界箍筋应按相邻区域配置；

（2）节点区内部柱箍筋间距依据设计要求并综合考虑节点区梁纵向钢筋排布布置；

（3）具体工程中，箍筋加密区设置应以设计要求为准；

（4）具体工程中，框架柱的嵌固部位详见设计图纸标注；

（5）刚性地面系指无框架梁的建筑地面，如石材地面、沥青混凝土地面及有一定基层厚度的地砖地面等。

010244 框架柱箍筋全高加密

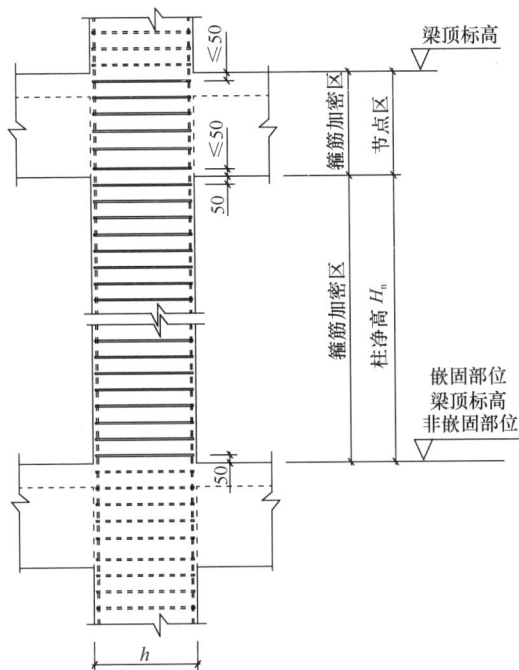

工艺说明：

(1) 当柱净高 H_n 与柱截面长边尺寸 h（圆柱为截面直径）的比值 $H_n/h \leqslant 4$ 时，箍筋沿柱全高加密；

(2) 小墙肢即墙肢长度不大于墙厚4倍的剪力墙。矩形小墙肢的厚度不大于300时，箍筋全高加密；

(3) 具体工程中，箍筋加密区设置应以设计要求为准。

010245　框架梁端部箍筋加密

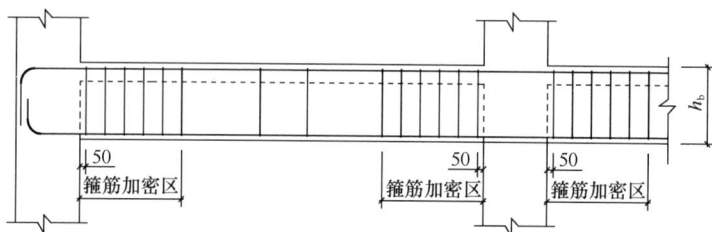

抗震框架梁KL、WKL箍筋加密区范围

(弧形梁沿梁中心线展开，箍筋间距沿面线量度。h_b为梁截面高度)

工艺说明：

（1）加密区长度：抗震等级为一级时≥2.0h_b且≥500，

　　　　　　　　　抗震等级为二～四级时≥1.5h_b且

　　　　　　　　　≥500；

（2）抗震框架梁箍筋加密区范围同样适用于框架梁与

剪力墙平面内连接的情况。

010246　主次梁处箍筋加密

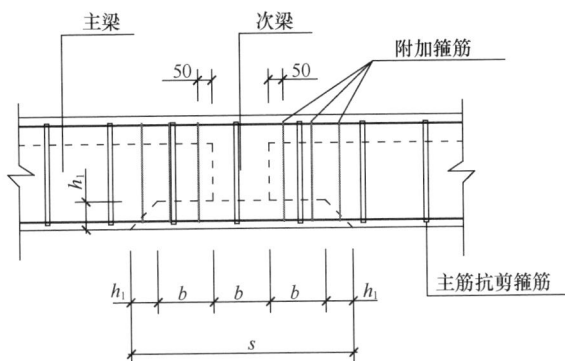

工艺说明：

(1) 附加箍筋配筋值由设计标注；

(2) 第一个箍筋距梁内的次梁边缘为 50mm，附加箍筋布置在 s 长度范围内：$s=2h_1+3b$；

(3) 附加箍筋范围内梁正常箍筋或加密区箍筋照常放置。

010247　剪力墙连梁箍筋加密

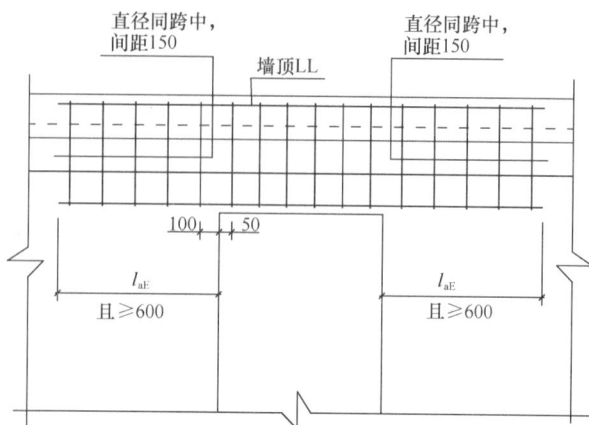

顶层连梁箍筋构造

非顶层连梁钢筋构造

工艺说明：

（1）顶层连梁纵向钢筋伸入墙肢长度范围内应设置箍筋，直径同跨中箍筋，间距≤150mm；非顶层连梁锚固筋进暗柱距洞口边50mm处应有一根箍筋；

（2）当跨高比较大，设计标注连梁箍筋分为加密区和非加密区时，箍筋加密区范围按框架梁，抗震等级同连梁边的墙肢。

第三节 钢 筋 绑 扎

010301 墙板钢筋绑扣

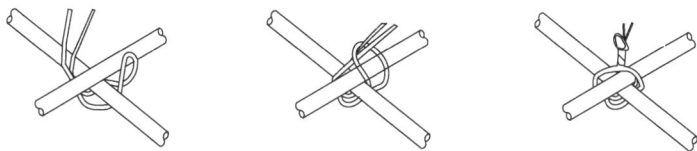

顺扣绑扎

工艺说明:

(1) 双向受力钢筋绑扎时应将钢筋交叉点全部绑扎,控制钢筋不位移,不得漏绑。

(2) 绑扎采用 22 号火烧丝,为防止钢筋跑位,丝扣不能一顺扣,要间隔采用正反八字扣。

010302 主筋与箍筋交叉处绑扣

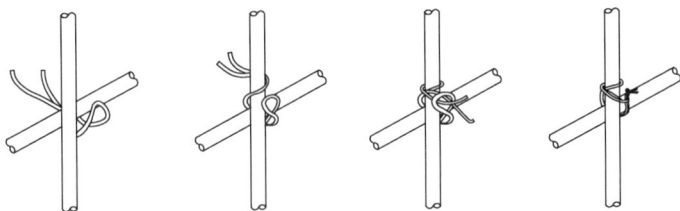

缠扣绑扎

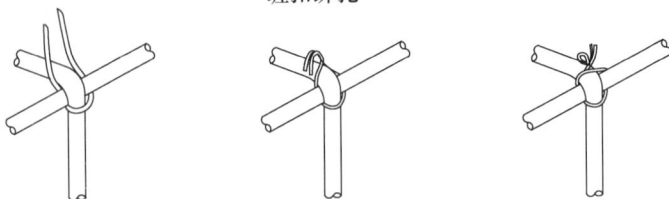

套扣绑扎

工艺说明：

（1）对于主筋与箍筋垂直部位采用缠扣绑扎方式。

（2）对于主筋与箍筋拐角部位采用套扣绑扎方式。

010303 绑扣丝头朝向

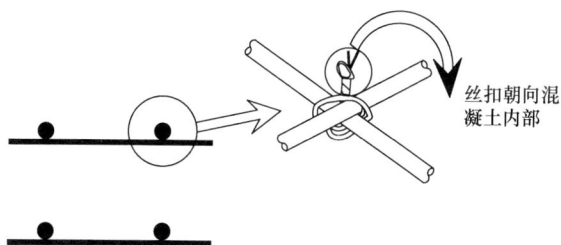

丝扣朝向混
凝土内部

工艺说明：

（1）墙体钢筋绑扎时应对面绑扎。

（2）楼板钢筋上铁绑扎完应将绑扎丝头向下弯入板内，即保证所有绑扎丝头最后一律朝向混凝土内部，不得外露。

010304　墙体钢筋放置顺序

地下室外墙墙体竖向筋　　　　墙体竖向筋

地下室外墙墙体水平筋　　　　墙体水平筋

工艺说明：

　　除设计特别注明以外，地下室外墙墙体竖向筋在外侧，水平筋在内侧，其他墙体水平筋在外侧，竖向筋在内侧。

010305 梁柱（墙）钢筋放置顺序

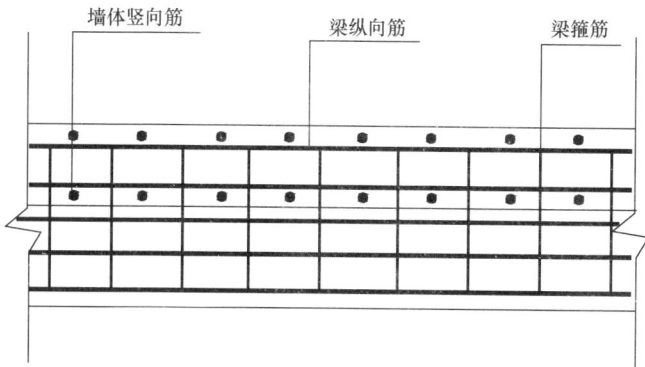

工艺说明：

当梁与柱或墙侧平时，梁该侧主筋置于柱或墙竖向纵筋之内。

010306 主次梁钢筋放置顺序

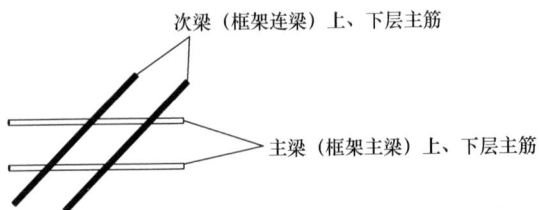

次梁（框架连梁）上、下层主筋

主梁（框架主梁）上、下层主筋

工艺说明：

　　框架结构中，次梁上下主筋置于主梁上下主筋之上，框架连梁的上下主筋置于框架主梁的上下主筋之上。

010307　底板（顶板）钢筋放置顺序

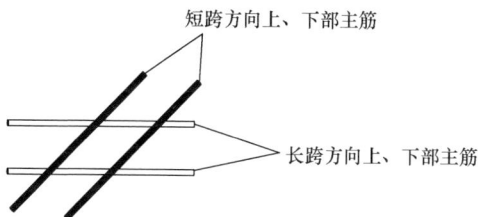

工艺说明：

底板（顶板）两向钢筋交叉时，短跨方向上部主筋宜放置于长跨方向主筋之上，短跨方向下部主筋置于长跨方向下部主筋之下。

010308　起步筋位置

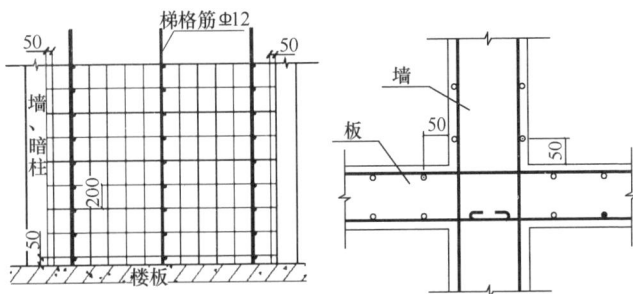

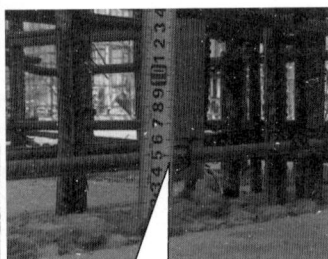

竖向起步筋　　　　　　水平起步筋

工艺说明：

（1）楼板的纵横钢筋距墙边（含梁边）50mm；

（2）梁柱接头处的箍筋距柱边50mm；次梁箍筋距主梁边50mm；

（3）阳台留出竖向钢筋距墙边50mm；阳台、飘窗、空调板水平筋距外墙50mm；

（4）墙面水平筋距楼地面50mm；

（5）暗柱箍筋距楼地面30mm；

（6）墙面纵向筋距暗柱、门口边50mm。

010309 双层钢筋间距控制

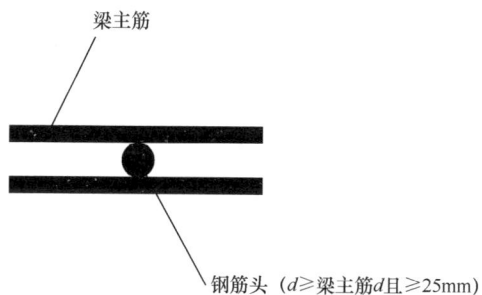

梁主筋

钢筋头（$d \geqslant$ 梁主筋 d 且 $\geqslant$ 25mm）

工艺说明：

（1）梁侧面及底面应加垫块控制钢筋保护层。

（2）梁如有双排铁，可加一粗钢筋头（$d \geqslant$ 梁主筋 d 且 $\geqslant$ 25mm）用以控制两排铁之间的距离。

010310　型钢柱箍筋排布

工艺说明:

(1) 箍筋加工应采取有效措施,便于穿过腹板。

(2) 箍筋绑扎穿过腹板,应预先设计箍筋位置并保证保护层厚度。

010311 梁主筋穿型钢柱

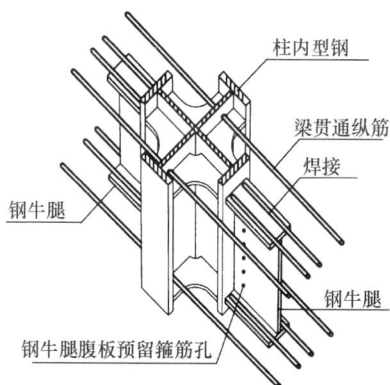

柱内型钢

梁贯通纵筋

焊接

钢牛腿

钢牛腿

钢牛腿腹板预留箍筋孔

工艺说明:

(1) 梁内应有不少于1/2面积的主筋穿过柱连续配置。

(2) 钢牛腿的长度应满足梁内纵筋强度充分发挥的焊接长度要求。

(3) 梁主筋穿过劲性柱型钢翼缘时,主筋位置应提前深化并在型钢上加焊钢板做等强度代换。

010312 纵筋搭接接头相互错开

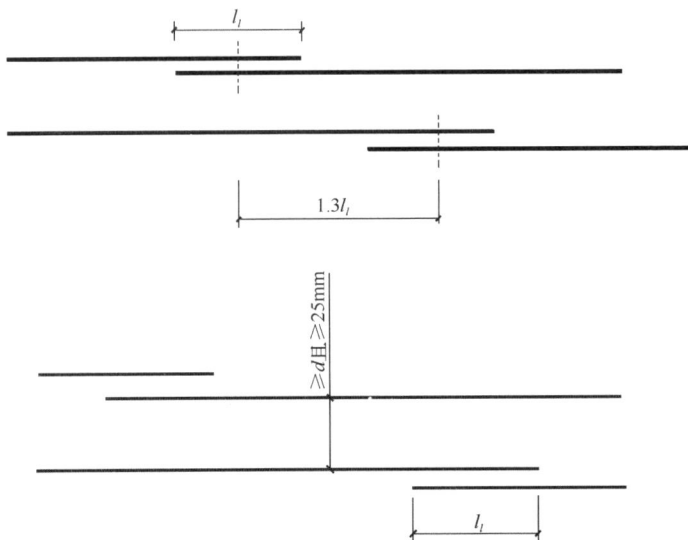

工艺说明：

(1) 同一构件中相邻纵向受力钢筋的绑扎搭接接头宜相互错开；

(2) 绑扎搭接接头中钢筋的横向净距不应小于钢筋直径，且不应小于 25mm；

(3) 搭接接头连接区段的长度为 $1.3l_l$（l_l 为搭接长度）；

(4) 同一连接区段内，纵向受拉钢筋搭接接头面积百分率应符合设计要求；当设计无具体要求时，应符合下列规定：

1) 梁类、板类及墙类构件不宜超过 25%；基础筏板不宜超过 50%；

2) 柱类构件不宜超过 50%；

3) 当工程中确有必要增大接头面积百分率时，对梁类构件，不应大于 50%。

010313 搭接范围内三点绑扎

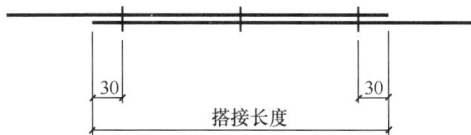

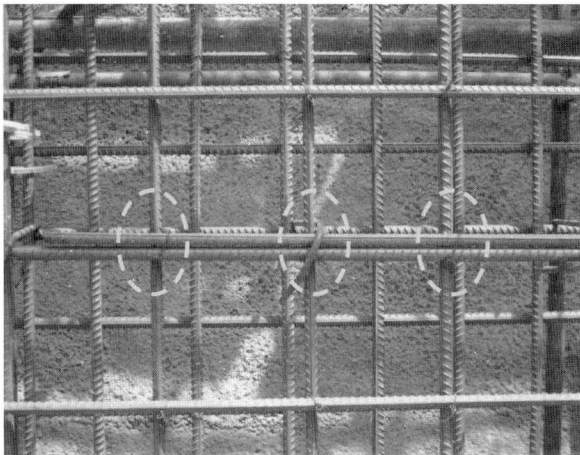

工艺说明：

(1) 每根钢筋在搭接长度内必须采用三点绑扎。

(2) 用双丝绑扎搭接钢筋两端头，中间绑扎一道。

010314 剪力墙水平筋接头错开

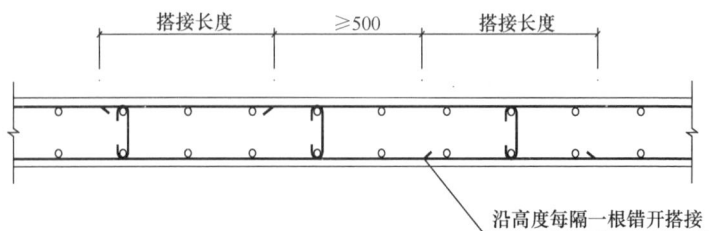

沿高度每隔一根错开搭接

工艺说明：

墙体水平钢筋搭接接头错开间距应≥500mm。

010315　剪力墙竖向筋接头错开

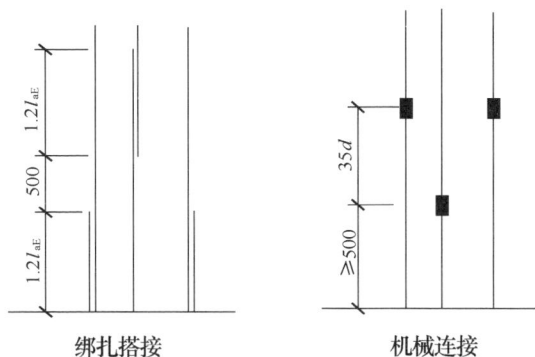

绑扎搭接　　　　　　　机械连接

工艺说明:

(1) 剪力墙同排内相邻两根竖向筋接头宜相互错开,不同排相邻两根竖向筋接头也应相互错开。当100%搭接时,应满足规范规定的搭接长度要求。

(2) 搭接接头错开500mm,机械连接接头错开35d。

(3) 注意搭接接头的长度除应满足1.2l_{aE}外,还应满足搭接范围内通过三根水平筋。

010316 纵筋搭接范围内箍筋加密

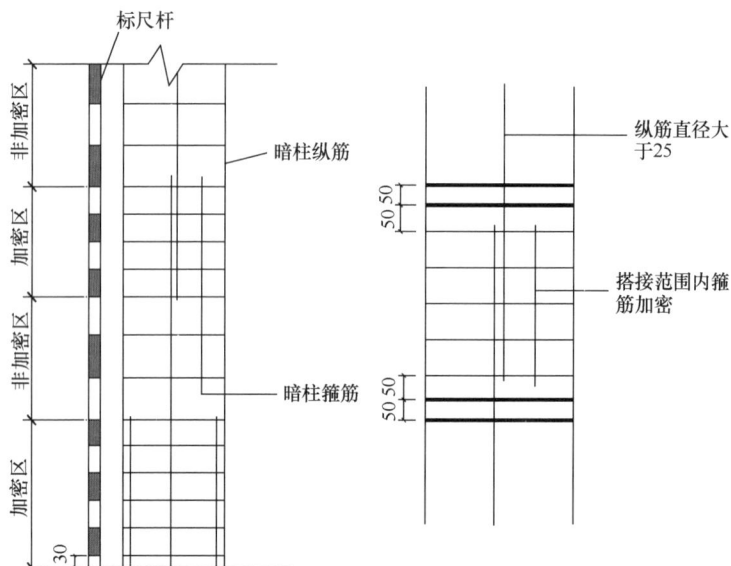

工艺说明:

(1) 梁、柱类构件的纵向受力钢筋搭接长度范围内箍筋的设置应符合设计要求;

(2) 当设计无具体要求时,应符合下列规定:

1) 箍筋直径不应小于搭接钢筋较大直径的1/4;

2) 受拉搭接区段的箍筋间距不应大于搭接钢筋较小直径的5倍,且不应大于100mm;

3) 受压搭接区段的箍筋间距不应大于搭接钢筋较小直径的10倍,且不应大于200mm;

4) 当柱中纵向受力钢筋直径大于25mm时,应在搭接接头两个端面外100mm范围内各设置二道箍筋,其间距宜为50mm。

010317 箍筋安装

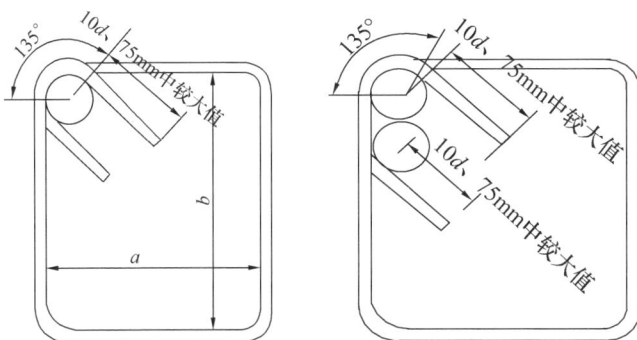

弯曲直径增加一主筋直径

工艺说明：

（1）主筋必须与箍筋弯折处接触紧密；

（2）搭接部位应制作双主筋箍筋，箍筋弯钩应将两根主筋全部钩住。

010318 梁柱箍筋绑扎

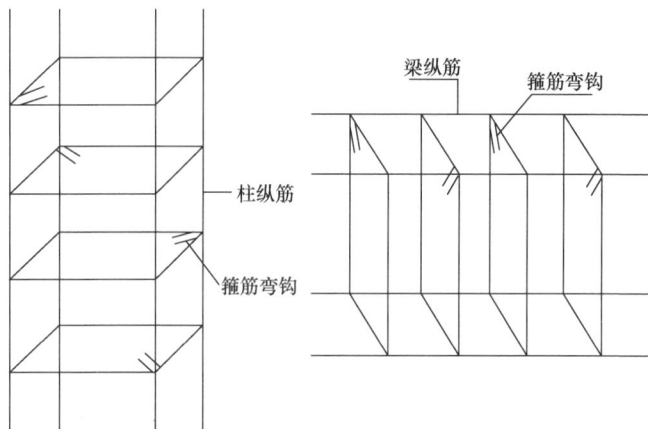

工艺说明：

（1）梁和柱的箍筋，除设计有特殊要求外，应与受力钢筋垂直设置；

（2）箍筋弯钩叠合处，应沿受力钢筋方向错开设置；

（3）施工中注意楼层梁与基础地梁箍筋弯钩朝向；

（4）梁、柱箍筋起步高度 50mm，剪力墙暗柱箍筋起步高度 30mm，以免与墙体水平起步筋（50mm）冲突。

010319 梁柱节点核心区箍筋

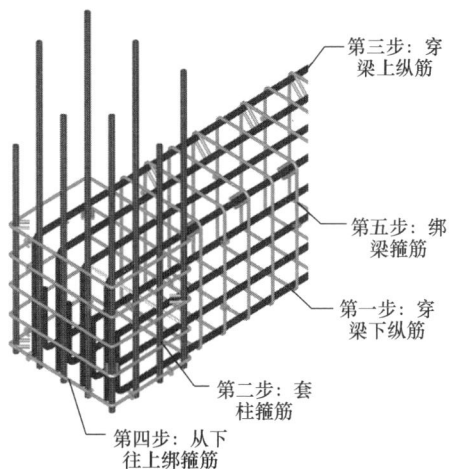

第三步：穿梁上纵筋

第五步：绑梁箍筋

第一步：穿梁下纵筋

第二步：套柱箍筋

第四步：从下往上绑箍筋

工艺说明：

在梁柱节点处，柱箍筋应连续加密设置，此处的梁箍筋可不设置。

010320　拉钩安装

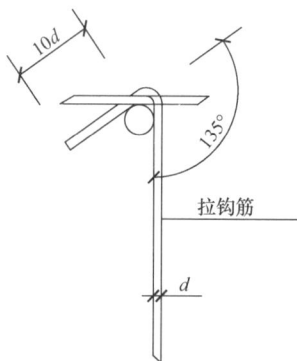

工艺说明：

（1）箍筋如设拉钩筋，则拉钩应将箍筋钩住；

（2）墙体如设置拉钩筋，则拉钩应将水平筋钩住，直线段长度10d，可一端为90°。

010321 剪力墙、连梁拉筋设置

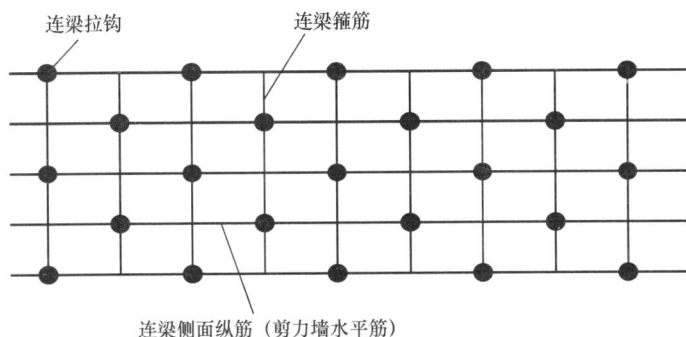

工艺说明:

(1) 剪力墙拉筋应按梅花型间隔设置,具体参照设计要求。

(2) 连梁、暗梁拉筋由设计确定,如设计无要求:

1) 当连梁宽≤350mm时,拉筋直径为6mm;

2) 当梁宽>350mm时,拉筋直径为8mm;

3) 拉筋间距为两倍箍筋间距,竖向沿侧面水平筋隔一拉一,但要保证每个水平筋均有拉筋。

010322 受力钢筋的混凝土最小保护层厚度

混凝土保护层的最小厚度（mm）

环境类别	板、墙	梁、柱
一	15	20
二 a	20	25
二 b	25	35
三 a	30	40
三 b	40	50

工艺说明：

（1）表中混凝土保护层厚度指最外层钢筋外边缘至混凝土表面的距离，适用于设计使用年限为 50 年的混凝土结构；

（2）构件中受力钢筋的保护层厚度不应小于钢筋的公称直径；

（3）设计使用年限为 100 年的混凝土结构，一类环境中，最外层钢筋的保护层厚度不应小于表中数值的 1.4 倍；二、三类环境中，应采取专门的有效措施；

（4）混凝土强度等级不大于 C25 时，表中保护层厚度数值应增加 5；

（5）基础底面钢筋的保护层厚度，有混凝土垫层时应从垫层顶面算起，且不应小于 40mm。

010323 墙体竖向梯格筋

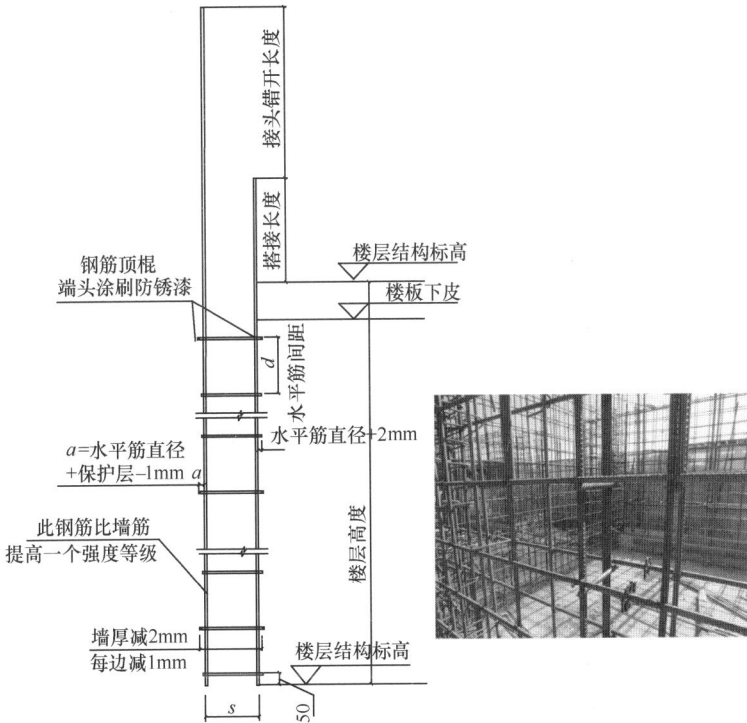

工艺说明：

（1）竖向梯格筋用于控制混凝土的断面尺寸、控制钢筋的保护层、控制钢筋的排距、控制水平筋间距；

（2）竖向梯格筋可代替墙体竖向钢筋，但要比设计直径大一规格（例如 φ12～φ14）。竖向梯格筋起步筋距地 30～50mm。

010324 地下室外墙竖向梯格筋

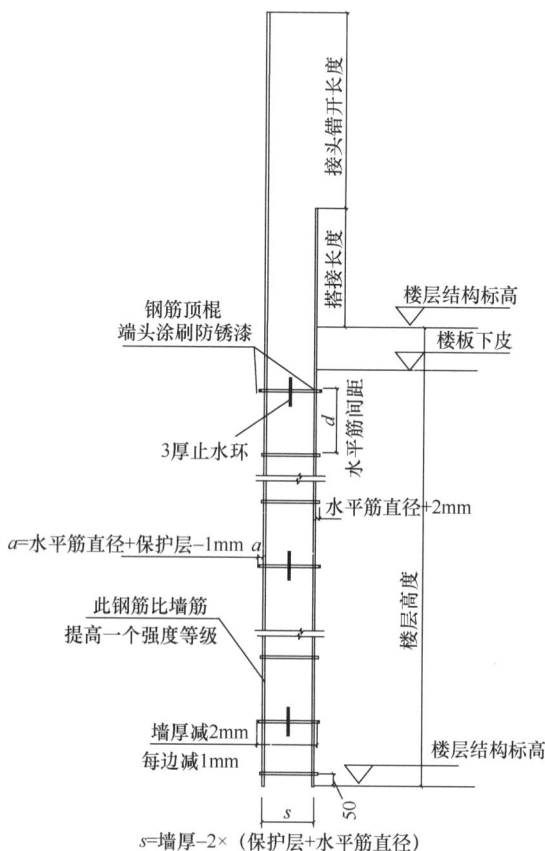

$s=$墙厚$-2\times$（保护层$+$水平筋直径）

工艺说明：

用于地下室外墙的竖向梯格筋，应在顶棍中间加焊 3mm 厚止水环，其他要求同普通梯格筋。

010325 顶模棍

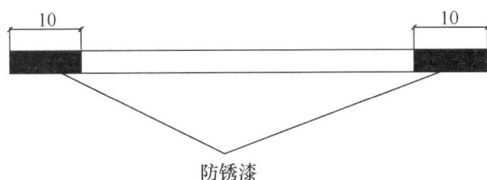

防锈漆

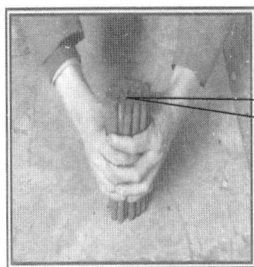

端头刷防锈漆

工艺说明：

（1）用做接触模板的顶模棍，端头要做到无飞边毛刺，最好采用无齿锯切割；

（2）端头必须刷防锈漆，防锈漆应由端头往里刷10mm，长度为（墙体厚度－2mm）；

（3）如果结构为大模内置外墙外保温，则外墙顶棍外侧长度应包括保温板厚度。

010326 墙体水平梯格筋

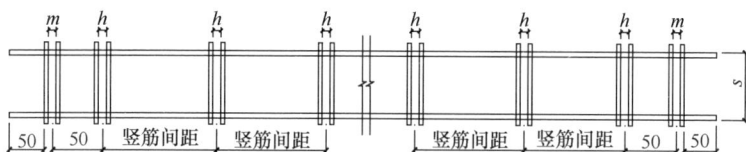

h=墙竖向主筋直径+2mm, m=暗柱竖向主筋直径+2mm
s=墙截面尺寸−2(墙水平筋直径+竖筋直径+保护层)

墙体水平梯格筋

工艺说明：
　　墙体水平梯格筋，固定于墙体上口300～500mm处，用于控制墙体立筋间距及位置，可周转使用。

010327 暗柱定位支架

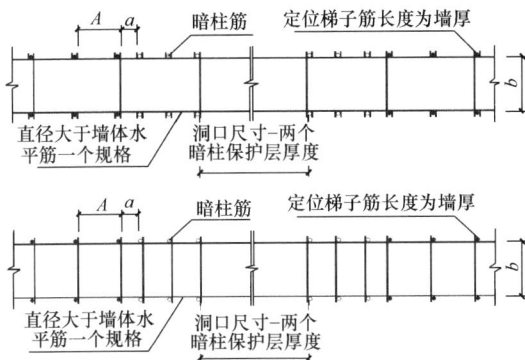

$a=50mm$，控制起步竖向筋距暗柱50mm
$b=$墙厚-2个保护层厚度-2个水平筋直径-2个竖向筋直径
$A=$墙体竖向筋间距

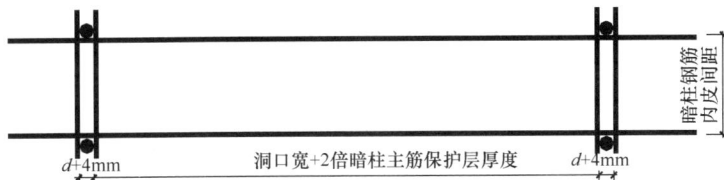

工艺说明：

（1）为保证门窗洞口两侧暗柱主筋不位移，制作暗柱定位支架予以控制；

（2）定位支架置于模板上口，可周转使用。

010328 双F卡

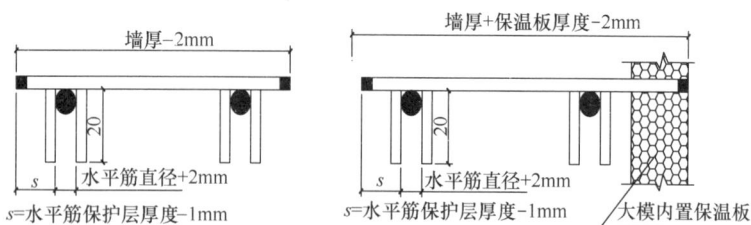

双 F 卡

工艺说明：

（1）为控制墙体钢筋截面及钢筋保护层厚度，制作双F卡；

（2）卡子两端用无齿锯切割，并刷防锈漆，防锈漆应由端头往里刷10mm；

（3）大模内置外墙外保温处双F卡长度应包括保温板厚度。设双F卡处不设垫块。

010329 定位箍筋框

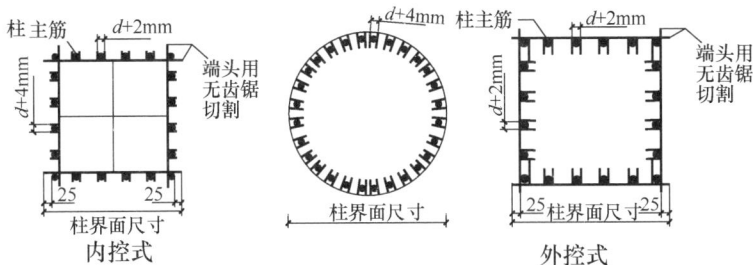

柱主筋 $d+2mm$ 端头用无齿锯切割

$d+4mm$

25 25
柱界面尺寸
内控式

$d+4mm$ 柱主筋 $d+2mm$

柱界面尺寸

柱主筋 $d+2mm$ 端头用无齿锯切割

$d+2mm$

25 柱界面尺寸 25
外控式

L: 定位钢筋边框边长
d: 柱纵筋钢筋直径
n: 柱每边钢筋根数

Φ20定位卡具
长度=$[L-d(n-2)]/(n-1)$

Φ20定位
钢筋边框
边长=柱宽-2
×（保护
层厚度+钢筋直径）

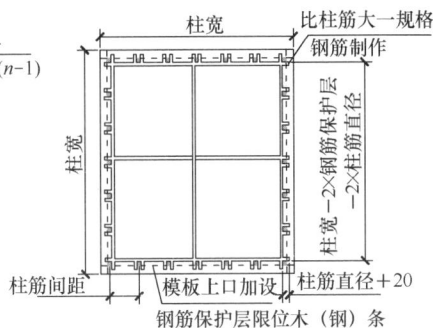

柱宽
比柱筋大一规格钢筋制作
柱宽
柱宽-2×钢筋保护层-2×柱筋直径
柱筋间距
模板上口加设
柱筋直径+20
钢筋保护层限位木（钢）条

定位钢筋

工艺说明：

（1）框架柱模板上口设置定位箍筋框，用于控制钢筋位移；

（2）定位箍分内控式和外控式两种，置于柱顶的定位箍可周转使用。

010330　洞口模板定位筋

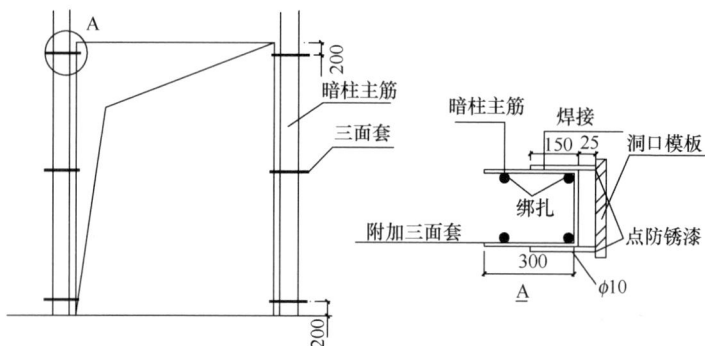

附加U形铁

工艺说明：

（1）门窗洞口支模时，设置固定门口模板的定位筋（端头用无齿锯切割，飞边磨平，且涂刷防锈漆10mm）；

（2）定位筋焊接在附加的U形铁上，不得焊在受力筋上，而U形铁应绑扎在主筋上。

010331 钢筋马凳

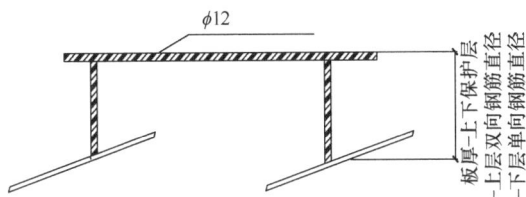

标准层顶板钢筋马凳做法

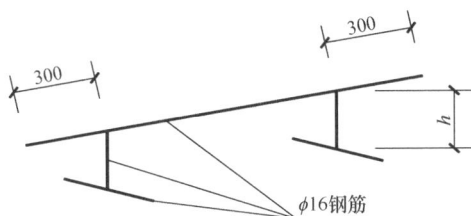

工艺说明：

根据板厚及板筋保护层厚度制作马凳铁，施工中重点控制马凳高度。

010332　底板钢筋支架

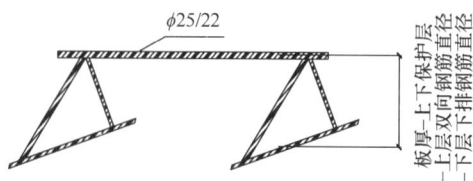

基础底板钢筋马凳做法

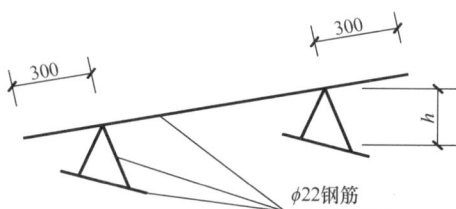

工艺说明：

（1）钢筋马凳支架的钢筋直径、间距应经过验算。

（2）钢筋焊接质量应满足相关规范要求。

010333 水泥砂浆垫块

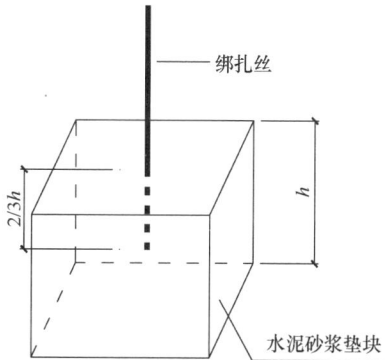

工艺说明：

（1）控制保护层的措施要合理有效，竖向、水平、悬挑结构，单层或双层钢筋，要依据其钢筋直径大小，合理安放水泥砂浆垫块；

（2）砂浆垫块可现场制作，也可购买成品；

（3）现场制作应控制垫块厚度，保证垫块具有相应强度，同时注意垫块不宜过大，火烧丝应嵌固牢固。

010334　塑料垫块

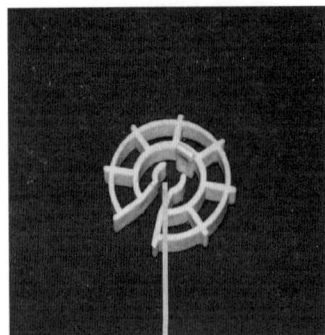

普通的垫块中部比较薄弱

宜选用中部加宽加厚的垫块

工艺说明：

（1）塑料垫块具有施工方便的特点，但也有强度偏低的缺点，所以在使用时宜选用强度较高的垫块；

（2）为防止垫块脱落，在其安装后卡口应背向模板方向，必要时应采用火烧丝将垫块与钢筋绑扎牢固。

第四节 钢 筋 连 接

010401 纵向受力钢筋接头位置

接头相互错开
35d

接头设置
在箍筋加
密区外，
距楼（地）
面不小于
500mm

工艺要求：

（1）钢筋接头宜设置在受力较小处，同一纵向受力钢筋不宜设置两个或两个以上接头。

（2）钢筋接头不宜设置在箍筋加密区。

（3）同一构件内的接头相互错开35d（d为受力钢筋的较大直径）且不小于500mm。

（4）纵向受力钢筋接头距楼（地）面不小于500mm。

010402 框架梁受力钢筋接头位置

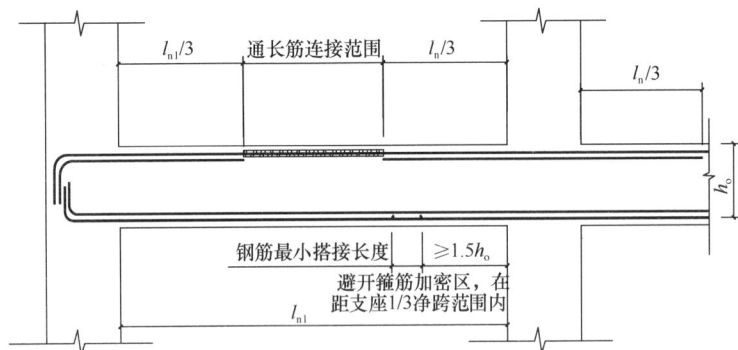

框架梁纵筋连接

注：可机械连接或焊接。

工艺要求：

（1）梁上部通长钢筋连接位置宜位于跨中三分之一范围内，梁下部钢筋连接位置宜位于支座三分之一范围内。

（2）在同一连接区段内钢筋接头面积百分率不大于 50%

010403 直螺纹接头外观质量

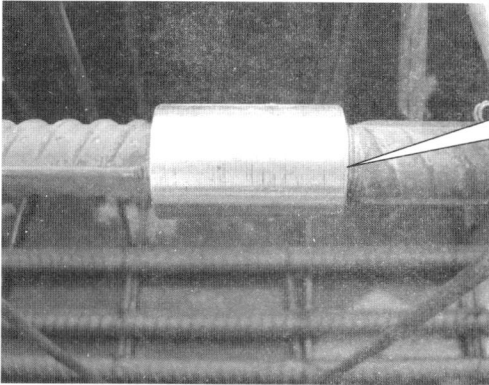

合格接头

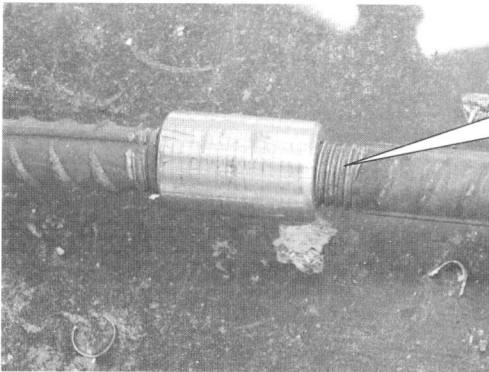

不合格
接头

工艺说明：
（1）长城杯工程外露丝扣不超过一个完整丝扣或三个半扣（规范要求为2个完整丝扣），且必须有外露丝扣。
（2）直螺纹拧紧力矩应符合规范规定。

010404 直螺纹接头标识

涂刷合格标识

涂刷合格标识

工艺说明：

（1）连接钢筋直螺纹接头时，用力矩扳手拧紧钢筋接头。

（2）连接成型后应逐个自检校核，合格后，应用防锈漆作上标记，以防遗漏。

010405 箍筋错开套筒位置

箍筋 —— 套筒

箍筋错开
套筒位置

工艺说明：

（1）绑扎柱、墙箍筋或水平钢筋时，应错开直螺纹套筒位置。

（2）如果错不开套筒位置，应将箍筋或水平钢筋直径变小一个规格（局部加密，但总断面不能减小）进行代换，以保证此处保护层厚度。

010406　电渣压力焊

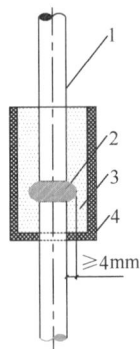

1—钢筋；2—铁丝圈；
3—焊剂；4—焊剂筒

焊接设备　焊药

工艺说明：

（1）钢筋焊接前必须进行班前焊，合格后方可施焊，焊工必须有有效的岗位证书。

（2）电渣压力焊焊剂应存放在干燥的库房内，防止受潮。当受潮时，在使用前应经 250～300℃ 温度烘焙 2h。

010407 电渣压力焊接头外观检查

不合格
接头

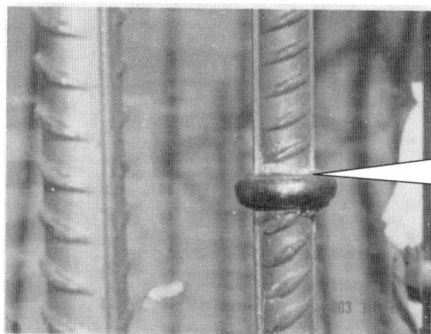

合格
接头

工艺说明：

（1）焊接钢筋端头平整，四周焊包均匀，无偏包，无裂纹，无烧伤，药皮除净，焊包出台宽度不小于4mm；

（2）接头平直，弯折应不大于2°（50mm/m）；

（3）接头处的轴线偏移不得大于钢筋直径的0.1倍，且主筋直径＞20mm时不得大于1mm。

010408　电渣压力焊接头清理

焊渣清理前

合金錾清理焊渣

工艺说明：

电渣压力焊焊接后设专人用专用工具（如合金錾）认真清理焊渣。

010409 钢筋冷挤压连接

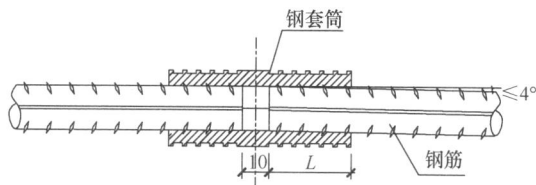

钢套筒挤压连接

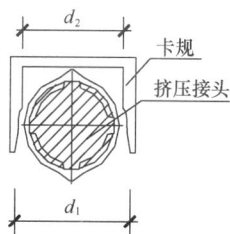

用卡规检查挤压接头

工艺说明:

(1) 接头挤压完成后用检查卡规对每道压痕进行检查,挤压面应为"人"字纹面,不得挤压带肋面。

(2) 符合标准后对合格的接头用油漆涂上标记。每完成一个涂一个。

010410 电弧焊接头（搭接焊）

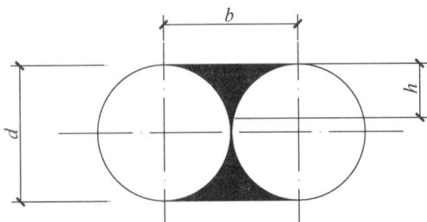

焊缝尺寸示意图

b—焊缝宽度； h—焊缝厚度；d—钢筋直径

搭接焊接头

工艺说明：

（1）焊缝宽度不小于主筋直径的 0.8 倍，焊缝厚度不小于主筋直径的 0.3 倍，双面焊长度不小于主筋直径 5 倍，单面焊长度不小于主筋直径 10 倍。

（2）焊缝表面应平整，不得有凹陷或焊瘤，焊药皮必须清理。

010411 接头帮条焊补强

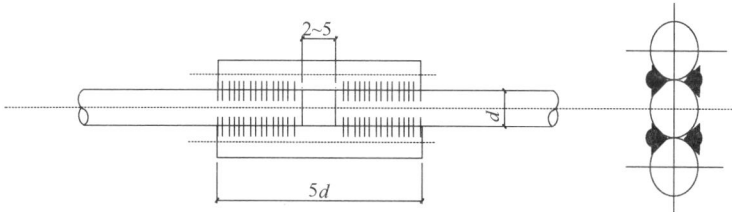

工艺说明：

（1）机械连接接头现场截取抽样试件后，原接头位置的钢筋采用同等规格的钢筋进行焊接方法进行补接。

（2）若焊接采用搭接电弧焊，双面焊 $5d$ 或单面焊 $10d$。

（3）焊工应有有效的岗位证书，并应进行工艺检验且资料齐全。

010412　接头绑扎补强

绑扎搭接补强

工艺说明：

（1）机械连接接头现场截取抽样试件后，原接头位置的钢筋采用同等规格的钢筋进行搭接连接。

（2）框架结构主筋搭接范围内箍筋应加密，间距 $5d$ 且 $\leqslant 100\text{mm}$。

第五节　钢筋成品保护

010501　竖筋成品保护

预埋线管穿
梁保护措施

工艺说明:

(1) 墙、柱竖筋在浇筑混凝土前套好塑料管保护, 防止浇筑混凝土污染。

(2) 墙、柱竖筋用彩布条、塑料条包裹严密, 防止浇筑混凝土污染。

(3) 预埋线管穿梁可采用塑料管保护。

010502　污染钢筋的清理

工艺说明：

（1）在混凝土浇筑时，及时用布或棉丝沾水将被污染的钢筋擦净。

（2）混凝土浇筑完成后，在绑扎竖筋前，用钢丝刷将被污染的钢筋擦净。

010503 板筋成品保护

工艺说明:

(1)顶板混凝土浇筑前,搭设操作马道,严格控制负弯距筋被踩下。

(2)施工缝和后浇带应采取钢筋防锈或阻锈等保护措施。

第二章 模板工程

第一节 基础模板

020101 基础底板导墙模板

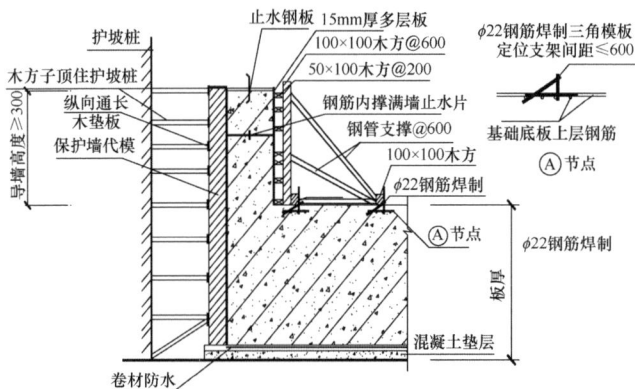

导墙模板支设详图

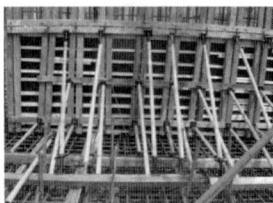

工艺说明:

(1) 基础底板施工时应设防水外墙,防水外墙高出底板上皮300mm(人防工程为500mm),外墙与底板一起浇筑。

(2) 防水外墙外侧模板可采用防水导墙砖胎模,内侧模板采用单侧支模。

(3) 为保证砖胎模的稳定,也可将肥槽回填或另加支撑。

020102 基础底板反梁模板

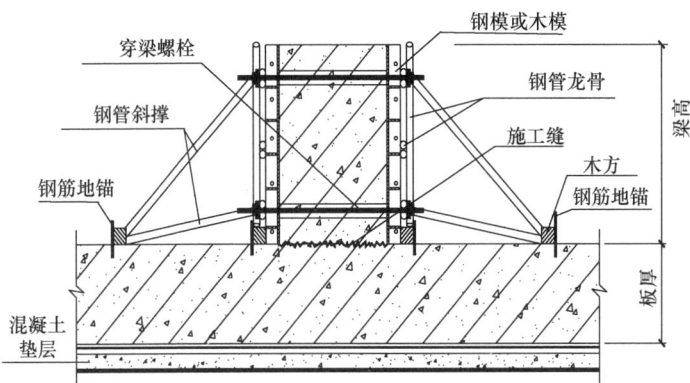

工艺说明:

(1) 基础反梁多采用小钢模或木模板组拼,采用钢管加固。

(2) 反梁可和基础底板一次浇筑,也可分两次浇筑。

(3) 梁高大于600mm时,梁中根据计算加设穿梁螺栓和三角支撑。

020103 独立柱基础木模板

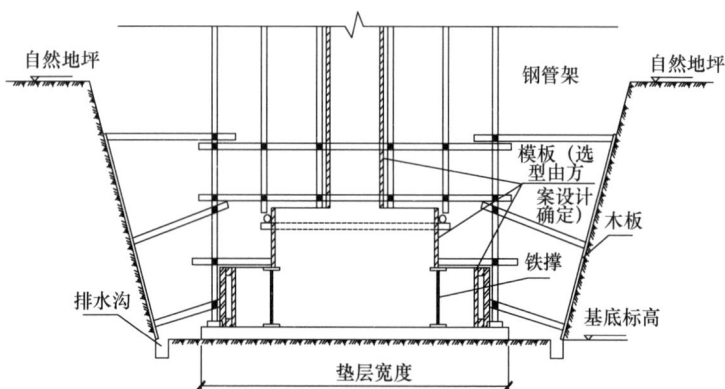

工艺说明：

独立柱基础木模板可采用竹胶板或多层板，木方作背楞，钢管支撑加固。

020104 独立柱基础组合钢模板

双钢管用钩头螺栓三字扣与钢模固定

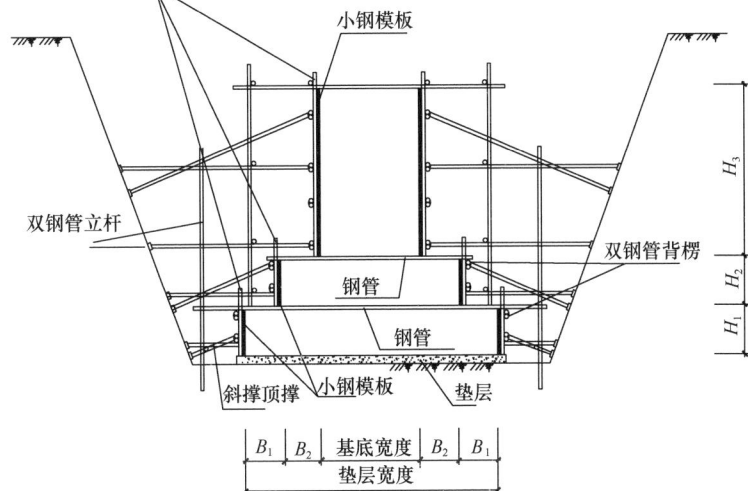

小钢模板

双钢管立杆

双钢管背楞

钢管

钢管

H_3

H_2

H_1

斜撑顶撑　小钢模板　垫层

B_1 B_2 基底宽度 B_2 B_1

垫层宽度

工艺说明:

(1) 独立柱基础可采用组合钢模,采用钢管作背楞及支撑。

(2) 施工时注意控制模板拼缝的严密性,接缝处加设海绵条防止漏浆。

020105　条形基础模板

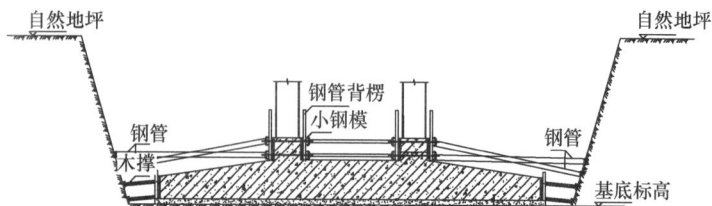

工艺说明：

（1）条形基础可采用木模板，也可采用小钢模。

（2）支模方式同基础地梁。

020106 电梯井及集水坑木模板

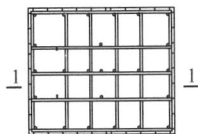

地坑模板配置平面图

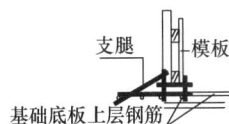

Ⓐ 节点详图

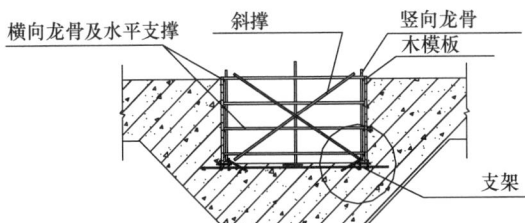

1-1

工艺说明:

(1) 电梯井及集水坑模板多采用木模整拼或组合钢模支设。

(2) 底部采用 $\phi 22$ 钢筋焊制三角模板定位支架。

(3) 集水坑尺寸多数不合模数, 钢模尺寸不足时可采用木方调节补足, 木方钻孔通过模板连接孔与两侧模板连接紧密。

第二节 墙 体 模 板

020201 大钢模高度设计

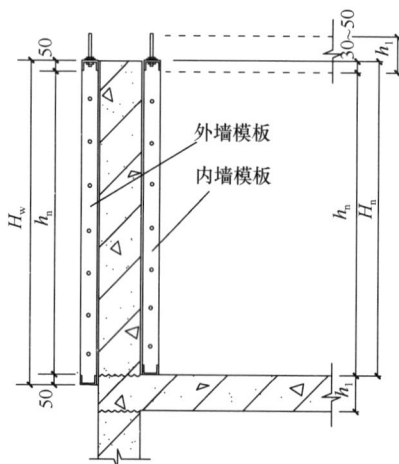

内外墙(柱)模板高度设计示意图

H_n—内墙（柱）模板配板设计高度；h_1—楼板厚度；

H_w—外墙（柱）模板配板设计高度；h_n—内墙（柱）高度

工艺说明：

（1）模板高度宜为楼层净空高度 h_n＋（30～50mm）；

（2）内墙模板高度 H_n＝净空层高 h_n＋（30～50mm）；

外墙模板高度 H_w＝净空层高 h_n＋50mm＋50mm。

020202 大钢模阳角模、阴角模

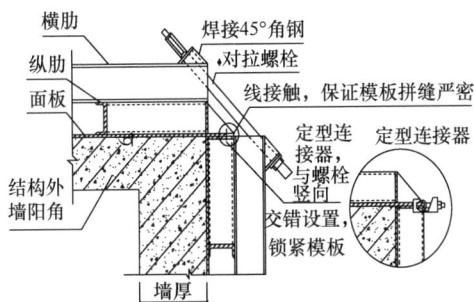

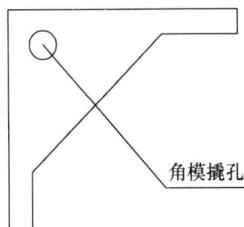

墙体阳角模 墙体阴角模板

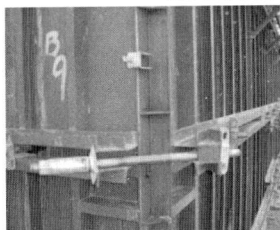

墙体阳角模 墙体阴角模板

工艺说明:

(1) 为减少墙体接缝,阳角可不设置阳角模;

(2) 采用大墙钢模板硬拼,在角部增加对拉螺栓拉接;

(3) 模板接缝部位采用定型连接器和专用螺栓交错连接,保证模板的平整和方正;

(4) 阴角模与大钢模之间留有 1mm 的间隙,且阴角模比大钢模高出 10～15mm;

(5) 阴角模上部设置撬孔,拆除时将撬杠插入撬孔进行拆除,防止角模被撬变形。

020203　大钢模角模板

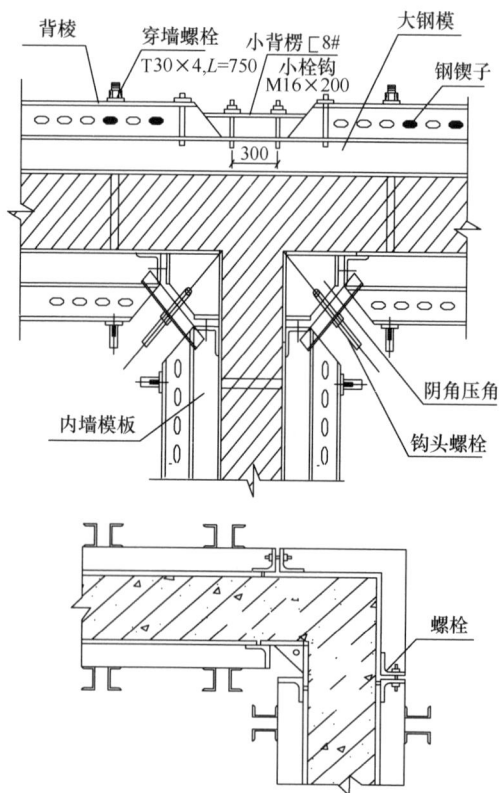

工艺说明：

（1）大钢模的角模要和大钢模配套，大钢模与阴阳角模板之间均留有子母口，用 M32 的螺栓和直芯带固定。

（2）阴角、阳角模板与大钢模之间不留间隙，大钢模做成 20mm 宽母口，阴角、阳角做成 30mm 宽子口。

（3）阴角、阳角与大钢模之间用钩头螺栓连接（住宅工程应设 3～5 道为宜），再用直角芯带定位固定。

020204 大钢模连接

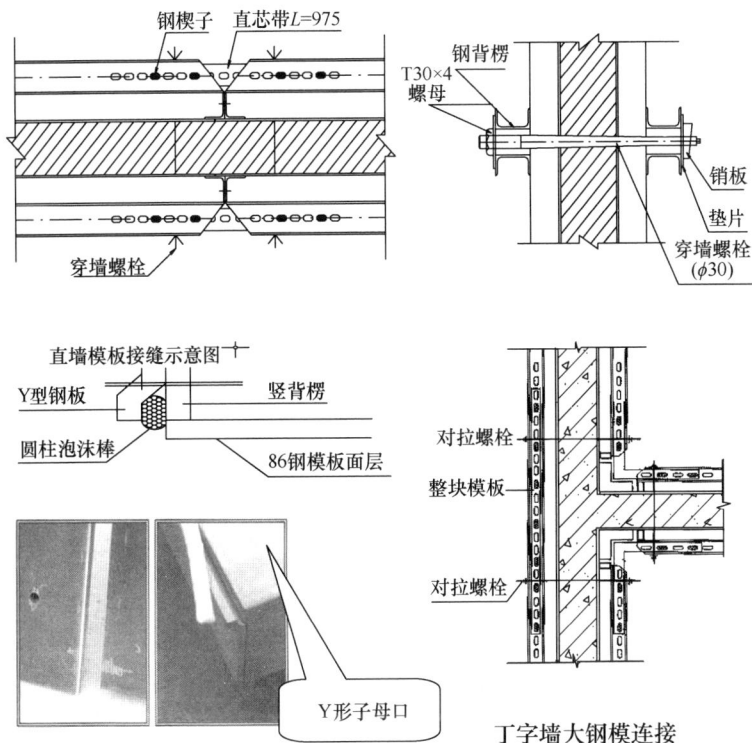

丁字墙大钢模连接

工艺说明:

(1) 全钢大钢模之间留有子母口,子母口可采用 Y 形,在模板边加设 Y 形板,并设置圆柱形泡沫棒,模板硬拼接缝与止水泡沫棒双重控制大墙面的接缝严密,保证不漏浆。

(2) 连接固定采用专用螺栓和加设的横肋用钩头螺栓连接。

(3) 丁字墙外侧模板应采用整块模板,减少拼缝。

(4) 丁字墙内侧模板同阴角模板。

020205　木制附墙柱模板

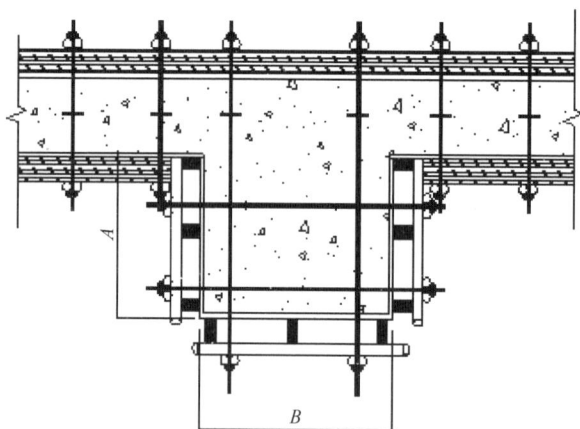

工艺说明：

（1）附墙柱模板采用木板制作，为保证拼接严密，双向加设穿墙螺栓。

（2）螺栓、背楞数量及规格应由计算确定。

020206　木制阴阳角模板

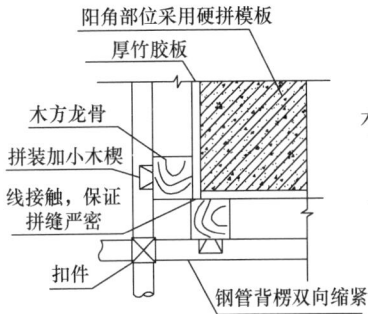 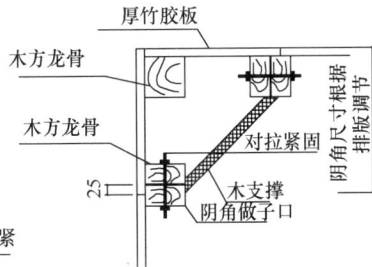

阳角模板　　　　　　　　　阴角模板

工艺说明：

（1）用木方和竹胶板制作阴角模；

（2）阳角不设角模，采用墙模端面硬拼，用钢管扣紧，再用木楔挤紧，从而保证阳角方正。

020207　高低楼板接茬处模板

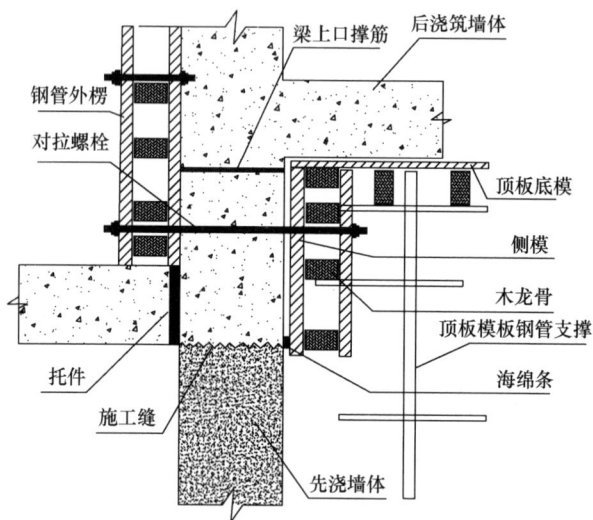

工艺说明：

（1）该部位施工一般采用墙体混凝土二次浇筑，高低板接茬处墙体与顶板共同浇筑的方法进行施工。

（2）高低差处的墙体模板用多层板进行吊模，对拉螺栓数量根据实际需要计算确定。

020208 木模板拼缝

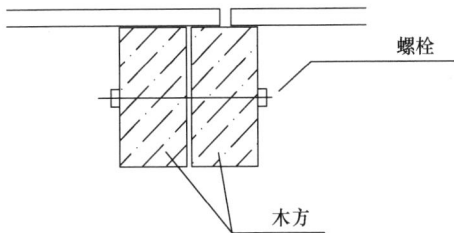

工艺说明：

(1) 木模板拼缝应采用硬拼；

(2) 纵向接缝后均设置木方竖龙骨；

(3) 横向接缝背后加定木方；

(4) 所有木模板裁边后应压边、用封边漆进行封边。

020209   组合钢制阴阳角模板

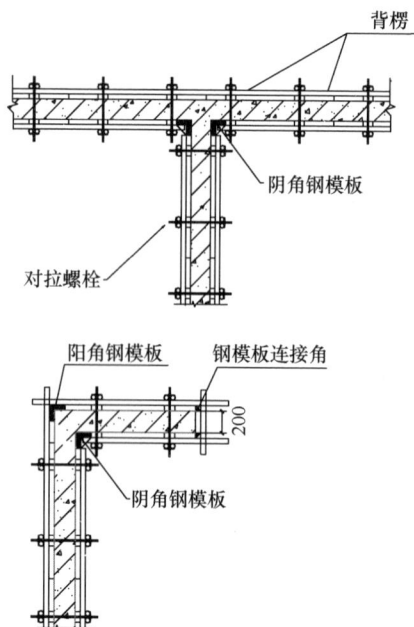

背楞

阴角钢模板

对拉螺栓

阳角钢模板   钢模板连接角

200

阴角钢模板

工艺说明：重点控制角模与平模接缝。

020210 组合钢模板连接节点

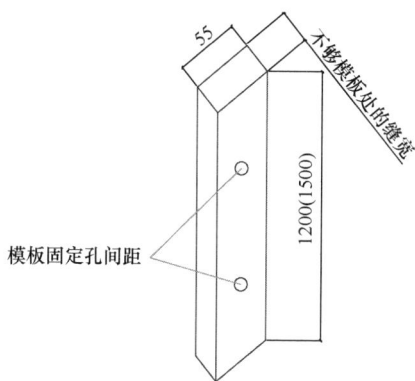

模板固定孔间距

55

1200(1500)

不够模数处的缝隙

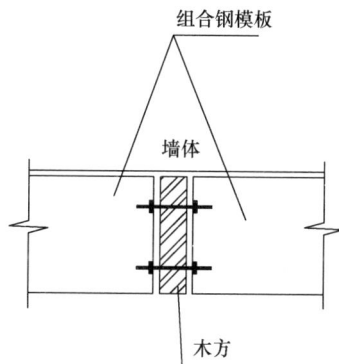

组合钢模板

墙体

木方

工艺说明:

(1) 当组合钢模板不合模数,钢模尺寸不适合时可采用木方调节补足。

(2) 木方三面刨光,高度同模板,在木方上钻孔,与两侧模板连接紧密

020211 地下室外墙单侧支模（钢模板）

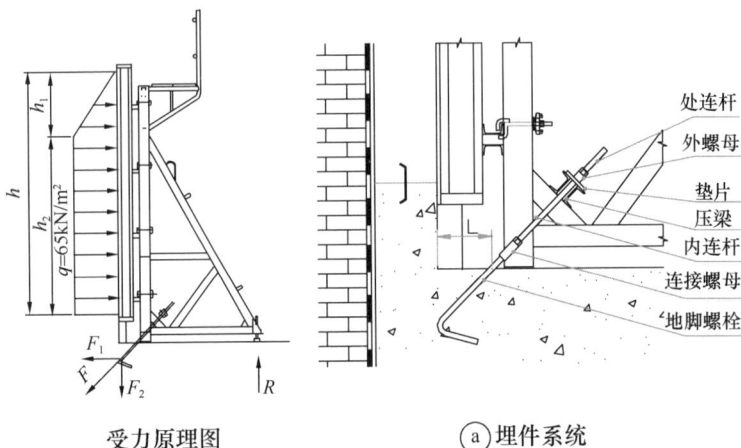

受力原理图

ⓐ 埋件系统

处连杆
外螺母
垫片
压梁
内连杆
连接螺母
地脚螺栓

工艺说明：

（1）当施工场地狭窄，地下室外墙采用双侧支模困难的情况下，可采用桁架式单侧支模。

（2）单侧支模要求支撑牢固，应有预埋螺栓、地锚、加配重等抗浮措施。

（3）桁架式单侧支架一般通过 45° 的高强受力螺栓，一侧与地脚螺栓连接，一侧斜拉住单侧模板支架。

020212 地下室外墙单侧支模（木模板）

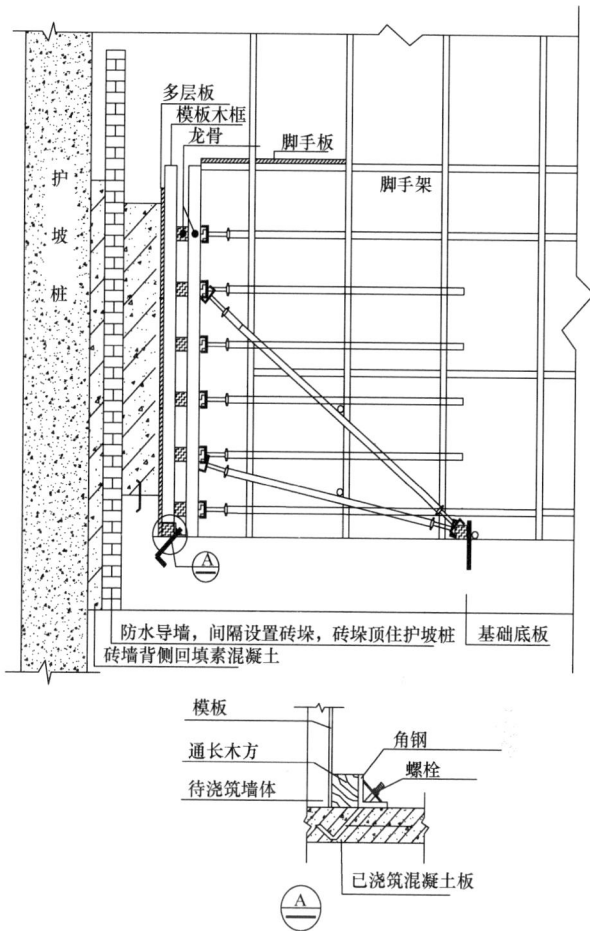

工艺说明：

（1）当地下外墙外侧采用直立护坡作模板，内侧可采用木模进行单侧支模，采用满堂架作支撑。

（2）根据模板设计与计算，浇筑底部时设置相应的地锚等抗浮措施。

020213　木模板接高大钢模

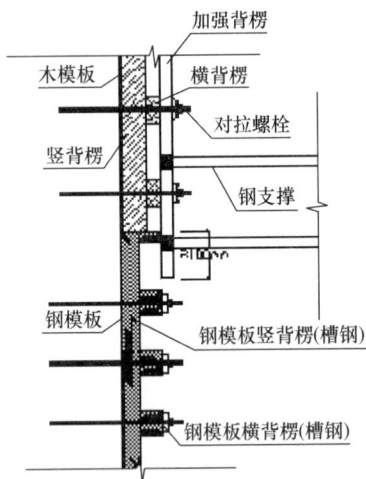

木模板

加强背楞

横背楞

对拉螺栓

竖背楞

钢支撑

钢模板

钢模板竖背楞(槽钢)

钢模板横背楞(槽钢)

工艺说明：

当大钢模墙体采用木模接高时，木模加强背楞下跨钢模板不少于100mm，水平支撑牢固。

020214　大钢模接高

工艺说明：

当大钢模墙体采用钢模板接高时，在主龙骨后设置竖向通高型钢做加强竖背楞，其间距根据计算确定，并与上下部模板连接牢固。

020215 墙体模板底部准备

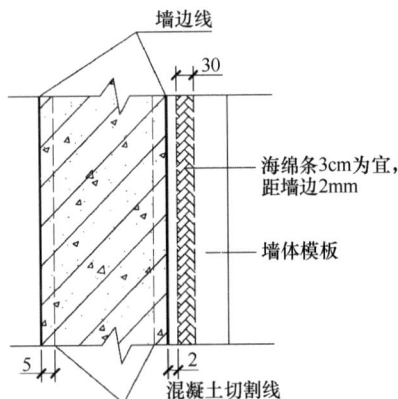

工艺说明：

（1）浇筑顶板混凝土时，在墙体钢筋外侧100mm左右范围内，拉线、找平、压光。

（2）沿墙体边线向外3mm贴密封条，密封条宽度以≥30mm为宜。

（3）安装模板时，模板应准确就位，以免碰坏密封条。

（4）墙模与楼板立面的缝隙，不宜用砂浆找平或用木条堵塞。

020216 外墙模板层间接缝处节点

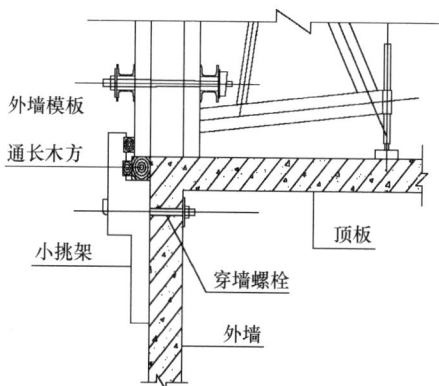

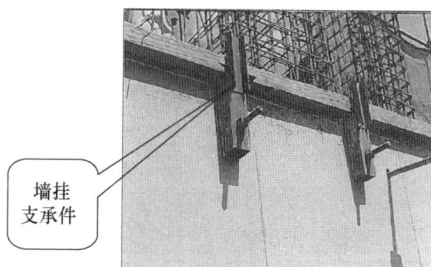

工艺说明：

（1）为保证墙体水平接缝严密，模板底部支撑可采用专用的墙挂支承件；

（2）墙挂支承件与下层墙体的螺栓孔通过穿墙螺栓固定。

第三节 框 架 柱

020301 方（矩）形可调柱钢模板

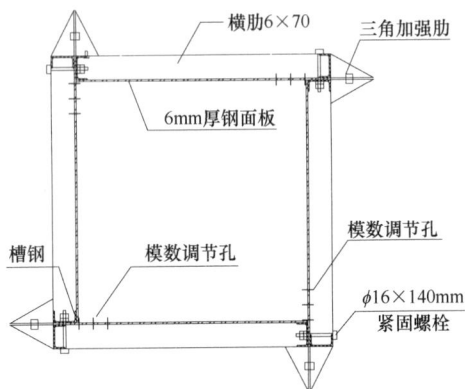

可调钢柱模大样图

工艺说明：

（1）可调钢柱模板，通常以50mm为调节单位，设置螺栓孔，施工时可根据需要调整模板尺寸。

（2）此种可调钢柱模由于无需加设背衬龙骨，只需沿柱高加设斜向撑杆即可，一般只需加设上中下三道。

（3）施工中注意将位于柱内用于调节柱截面大小的螺栓孔堵严，防止漏浆。

020302 圆（异）形柱钢模板

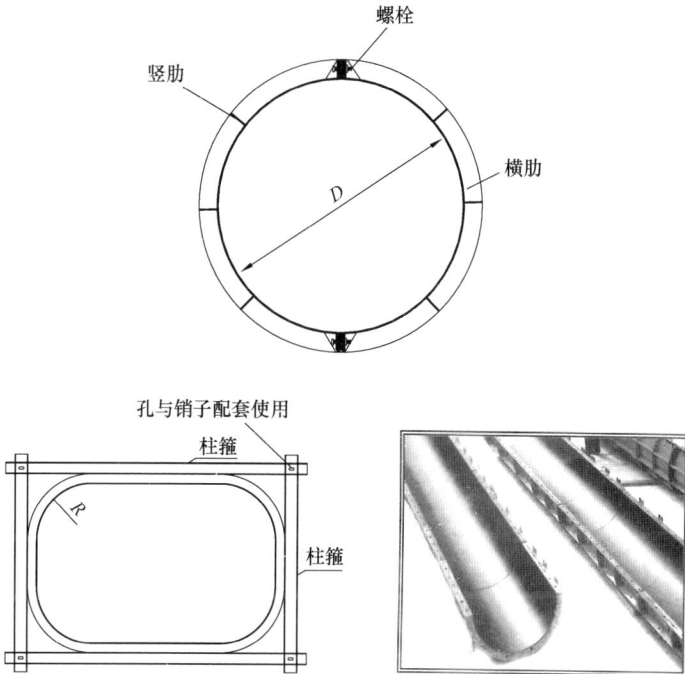

工艺说明：

（1）圆（异）形柱模连接拼缝以结构轴线为拼接对称轴，拼缝采用企口连接。

（2）拼缝处模板背面水平和垂直方向宜增加横肋和竖肋。

020303 方（矩）形柱木模板

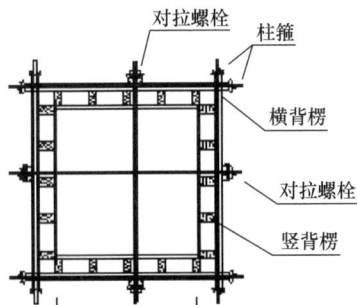

工艺说明：

（1）木质柱模，宜选用≥15mm 的覆膜多层板；

（2）背楞采用钢木组合或钢管较为经济，但采用槽钢和定型钢柱箍作为背楞效果较好；

（3）也可采用木方、钢管、型钢以及可调柱箍等型式；

（4）柱子边长≥900mm 时，宜加设对拉螺栓。

020304 圆（异）形柱木模板

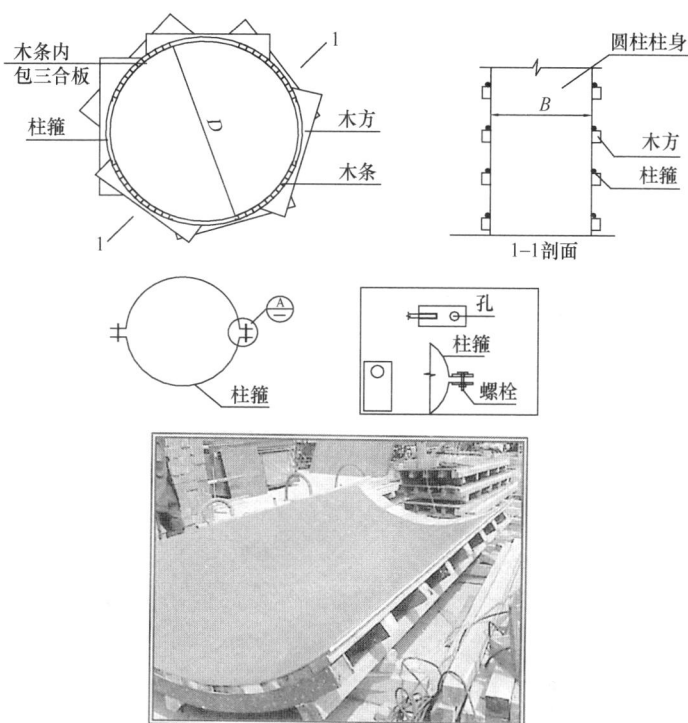

工艺说明：

（1）圆（异）形柱采用木模组拼时，内衬可用胶合板或塑料板、镀锌铁皮，外衬可用木方。

（2）圆柱模可采用多层板（竹胶板）作背衬龙骨，多层板之间采用竖向木方连为整体，形成外框架，以方便加设斜向支撑。

（3）一般在柱数量较少时，制作定型钢板不经济时使用。

020305　圆形柱玻璃钢模板

工艺说明：

（1）圆形柱也可用玻璃钢模板，采用不饱和聚酯树脂作为胶结材料，用玻璃纤维作为骨架逐层粘裹而成。

（2）施工时，按圆柱尺寸闭合模板，模板拼缝朝向结构轴线，逐个拧紧接口螺栓。

020306 柱模板清扫口留置

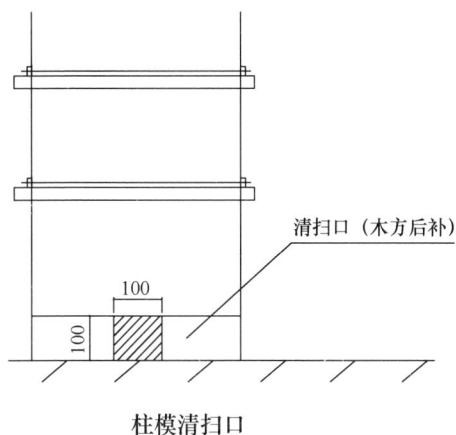

清扫口（木方后补）

100

100

柱模清扫口

工艺说明：

(1) 梁、柱、墙模板应留置清扫口；

(2) 浇筑混凝土前应将模内清理干净，并浇水湿润；

(3) 清扫口位置应正确，大小合适，开启方便，封闭牢固，浇筑混凝土时能承受混凝土的冲击力，不得漏浆或变形。

第四节 梁 板 模 板

020401 梁板支撑

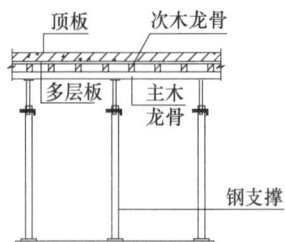

顶板支撑图

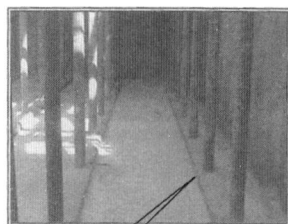

垫木

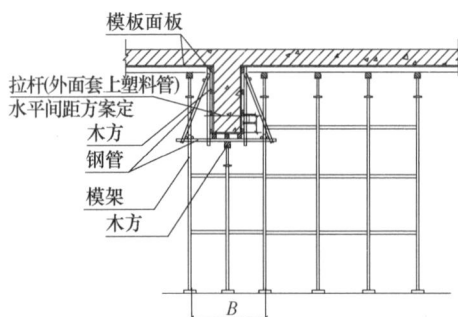

垫木

工艺说明:

(1) 模板可采用厚度≥12mm 的覆膜多层板或塑料模板。

(2) 龙骨可采用木方、型钢、钢木组合等型式。

(3) 支撑架可用各类工具式架体或钢管架,间距经过计算确定,立杆下铺设垫板,垫板尺寸厚度可用 50mm×100mm 木方,长度应≥300mm,也可用通长的平直木脚手板。

020402 顶板侧模

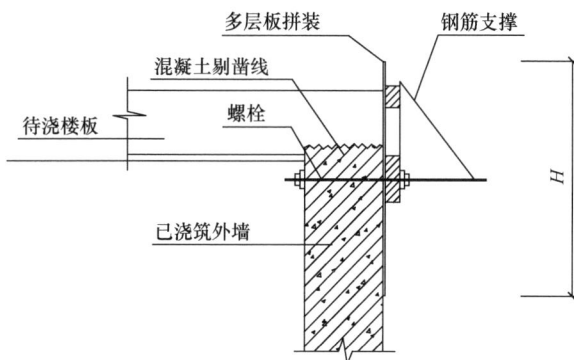

工艺说明：

（1）浇筑顶板时，顶板与外墙交接处采用挡模（高度 H），挡模的固定利用外墙模板的第一道穿墙螺栓眼；

（2）为防止浇筑顶板混凝土阴角处不漏浆，在龙骨侧面靠墙处，或顶板侧模板靠墙处贴海绵条，海绵条粘贴在模板或龙骨上。

020403　顶板模板与竖向结构交接节点

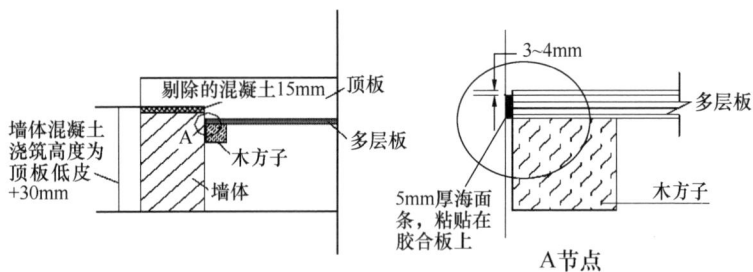

工艺说明：

（1）为防止顶板阴角处漏浆，在龙骨侧面靠墙处，或顶板侧模板靠墙处贴海绵条，海绵条应粘贴在模板或龙骨上。

（2）顶板模板边均通过刨子刨平，用封边漆保护。拼缝采用"硬拼法"，确保模板拼缝严密不漏浆，保证接槎平整。

020404 挑板端面模板

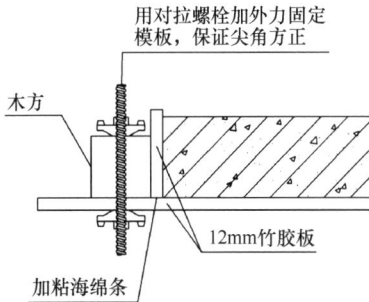

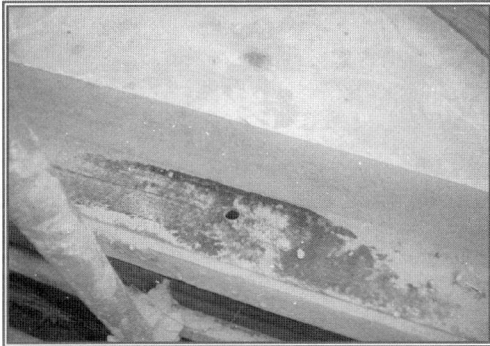

工艺说明：

（1）挑板端面外立面模板加设对拉螺栓，加外力固定模板；

（2）挑板端面外立面模板除竹胶板外，也可选用小钢模、铝模等。

020405 楼板降板处侧模

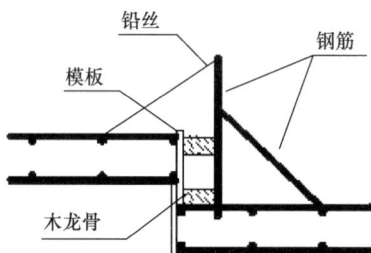

工艺说明：

（1）楼板降板处可采用钢筋骨架作支撑，钢筋直径宜＞14mm；

（2）支撑可采用预制成型托架，与楼板及梁钢筋绑扎固定，支架间距宜为800mm；

（3）降板模板上、下口设水平龙骨，并用压刨刨光、刨平，截面尺寸一致；

（4）四大角设水平斜撑。

020406 顶板预留洞采用定型模具

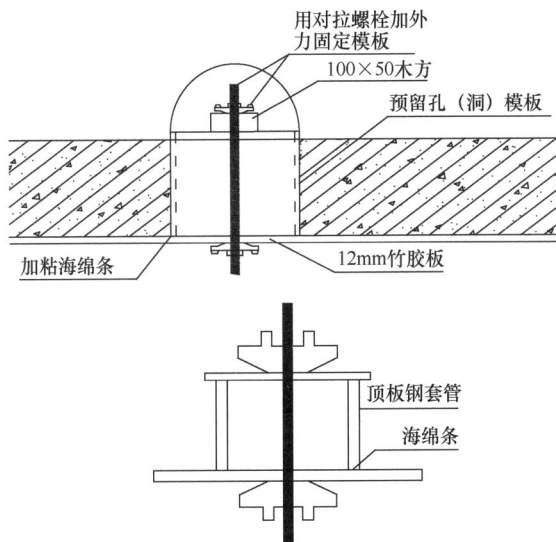

用对拉螺栓加外力固定模板

100×50木方

预留孔（洞）模板

加粘海绵条

12mm竹胶板

顶板钢套管

海绵条

工艺说明：
顶板预留洞处应采用定型模具，预留孔洞模板加设对拉螺栓，加外力固定模板。

020407　梁柱节点模板（一）

工艺说明：
　　梁柱节点宜做成定型模板或装配式模板，且便于拆卸周转。

020408 梁柱节点模板（二）

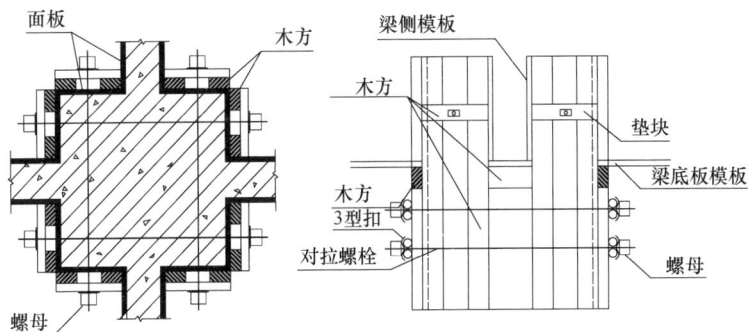

工艺说明：

（1）梁柱节点即为柱头模板，应根据梁模板的选型来选择柱头模板的形式，宜做成定型模板或装配式模板，且便于拆卸周转。

（2）梁柱接头的模板要跨下柱子600～800mm，至少应有两道锁木锁在柱子上。

020409 梁板起拱

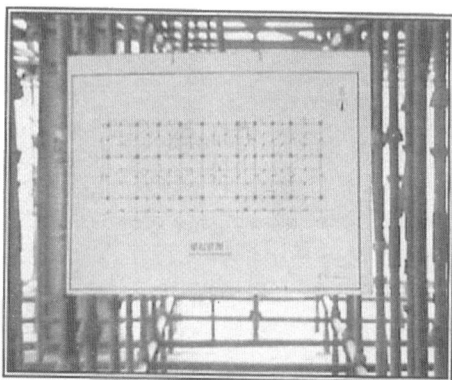

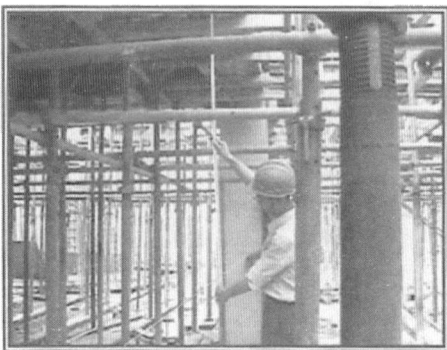

工艺说明：

(1) 跨度等于或大于4m的梁板模板应按设计要求起拱，当设计无要求时，起拱高度为跨度的 1/1000 ～ 3/1000，并绘制起拱图，置于操作现场控制。

(2) 楼板只允许从四周向中间起拱，四周不起拱。起拱要顺直，不得有折线。在允许范围内，多种跨度可以取一个统一值。刚性支模体系宜控制在 1～1.5/1000。

020410 梁底清扫口设置

工艺说明:

(1) 框架梁梁底每跨应设清扫口,并考虑今后封堵方便;

(2) 清扫完毕,浇筑混凝土之前进行封堵。

020411 劲性梁柱节点模板

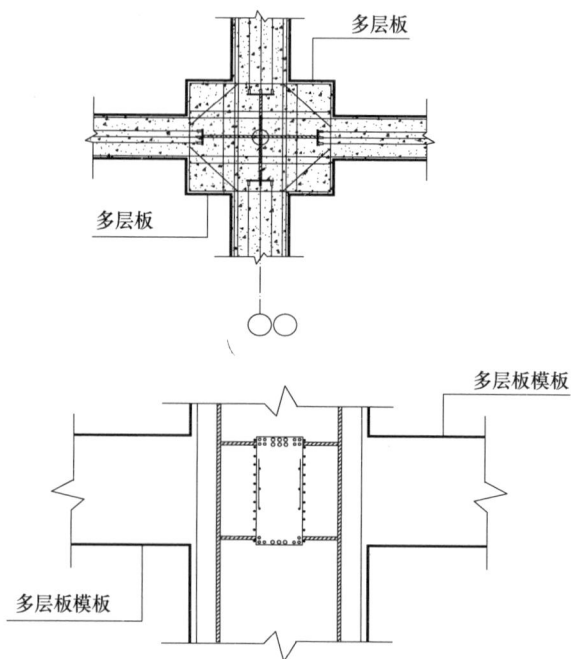

工艺说明:

(1) 劲性梁柱节点模板, 应根据梁模板的选型来选择柱头模板的形式, 宜做成定型模板或装配式模板, 且便于拆卸周转。

(2) 梁柱接头的模板要跨下柱子 600~800mm, 至少应有两道锁木锁在柱子上。

020412　加腋梁柱节点模板

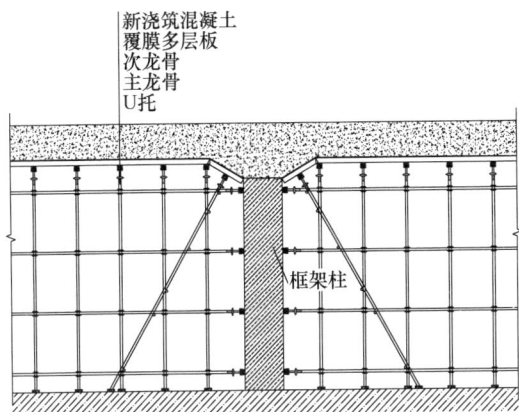

新浇筑混凝土
覆膜多层板
次龙骨
主龙骨
U托

框架柱

竖向加腋梁柱节点

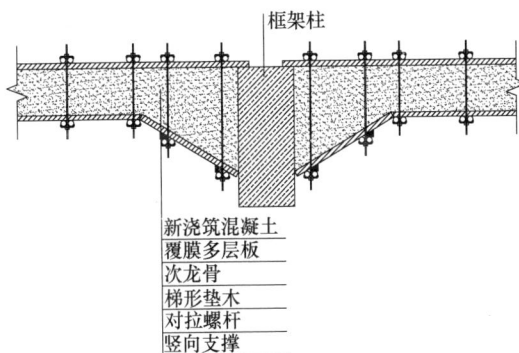

框架柱

新浇筑混凝土
覆膜多层板
次龙骨
梯形垫木
对拉螺杆
竖向支撑

水平加腋梁柱节点

工艺说明:

(1) 支设模板时,梁侧模应包底模;

(2) 加腋部位梁下口应采用锁口木方,主龙骨采用木龙骨,加固牢固,确保刚度。

020413　楼板早拆支撑体系

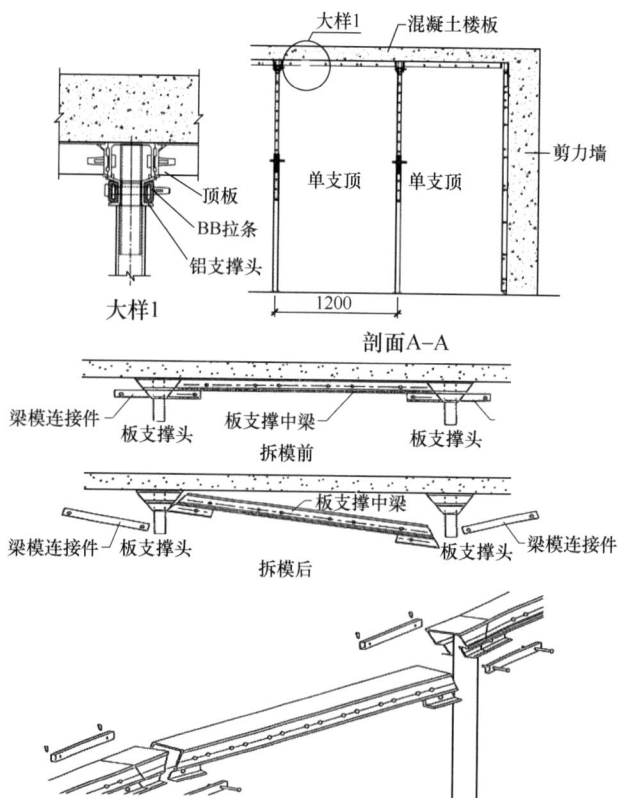

大样1

剖面A—A

拆模前

拆模后

工艺说明：

（1）早拆体系由平面模板、模板支架、早拆柱头、横梁和底座等组成。

（2）钢框胶合板模板作面板，箱形钢梁作横梁，承插式支架作垂直支撑。

（3）当楼板混凝土达到设计强度的50％，拆除模板和横梁，保留支撑楼板的柱头和立柱，直到强度达到要求后再拆除。

第五节 螺 栓

020501 地下室外墙普通止水螺栓

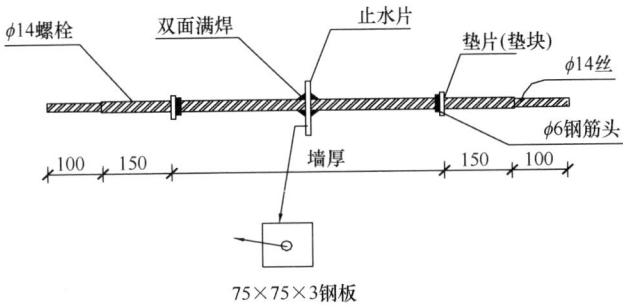

75×75×3钢板

工艺说明:
　　地下室外墙对拉螺栓必须加设止水片,止水片为3~5mm厚,边长70~80mm的正方形铁片。

020502　地下室外墙五接头止水螺栓

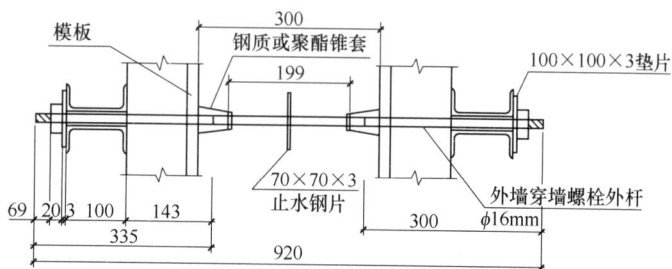

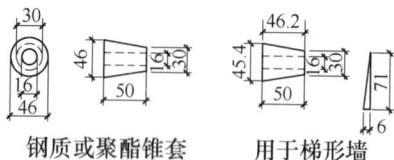

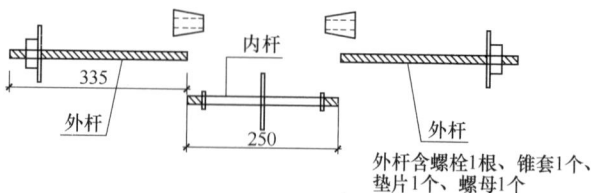

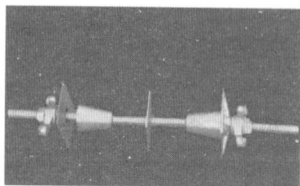

钢质或聚酯锥套　　用于梯形墙

外杆含螺栓1根、锥套1个、
垫片1个、螺母1个

螺栓实体图　　　　　　　螺栓孔效果图

工艺说明：

为提高止水螺栓周转率，地下外墙穿墙螺栓可采用配套分节式止水螺栓，中间止水环为3.0mm厚、边长70mm的正方形铁片，为避免产生变形，螺栓两侧加设龙骨，减少模板变形。

020503　穿墙螺栓

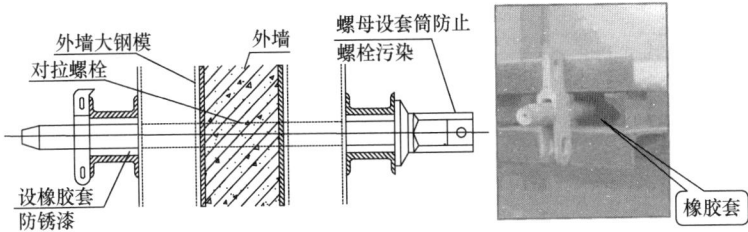

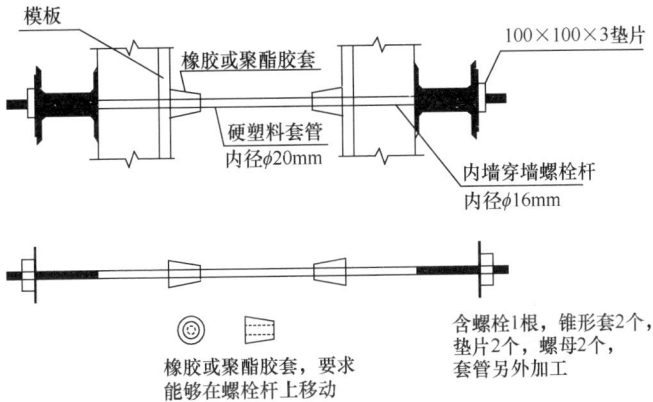

工艺说明：

　　大模板穿墙螺栓采用楔形，大头 $\phi32mm$，小头 $\phi28mm$。大头在内，小头在外，穿墙螺栓与大模板间设胶套以防止混凝土浇筑时从穿墙孔漏出水泥浆。

020504 柱模穿柱螺栓

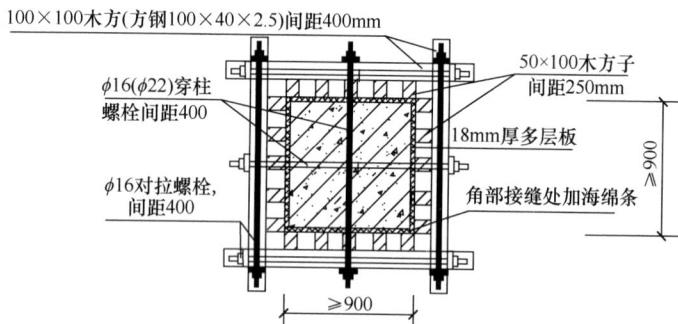

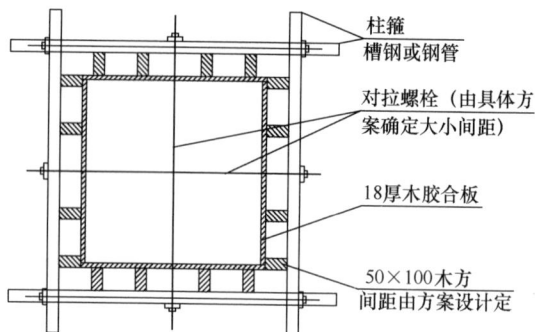

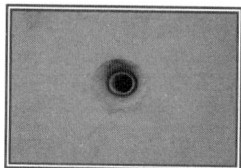

100×100木方(方钢100×40×2.5)间距400mm

50×100木方子
间距250mm

φ16(φ22)穿柱
螺栓间距400

18mm厚多层板

φ16对拉螺栓，
间距400

角部接缝处加海绵条

≥900

≥900

柱箍
槽钢或钢管

对拉螺栓（由具体方
案确定大小间距）

18厚木胶合板

50×100木方
间距由方案设计定

工艺说明：

当柱子边长大于或等于900mm时，木模板应加设穿柱对拉螺栓，以保证柱截面尺寸。为避免漏浆，柱内加塑料套管，螺栓端头加设塑料堵头。

020505　梁侧模对拉螺栓

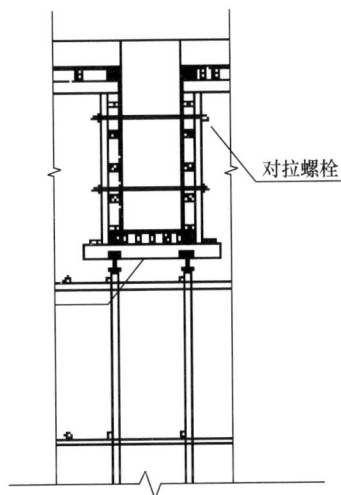

对拉螺栓

工艺说明：

　　通常高度＞600mm 的梁应增加对拉螺栓，螺栓的直径及数量经计算确定。

第六节 楼 梯 模 板

020601 楼梯定型钢模板

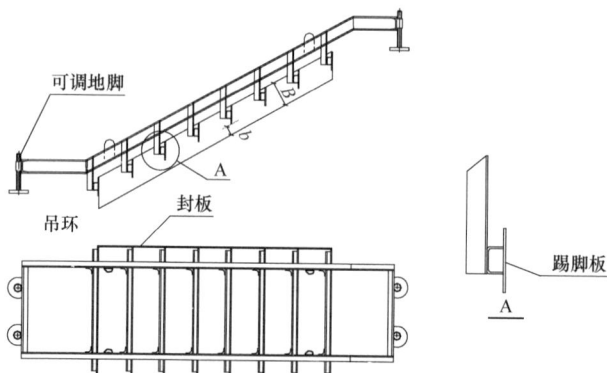

工艺说明：

（1）楼梯踏步钢制定型模板，梯段板下口滴水线可一次成型；

（2）楼梯踏步模板支撑应与踏步底面垂直；

（3）楼梯梯步模板高度应考虑休息平台与梯步装饰层厚度关系。

020602 楼梯定型木模板

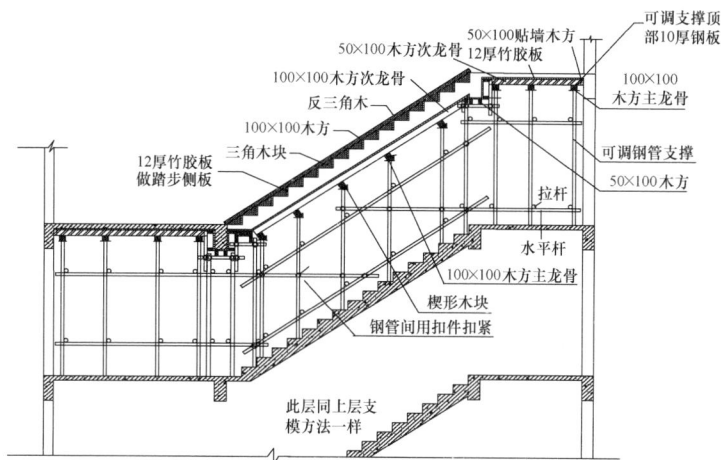

楼梯模板支设图

工艺说明：

（1）楼梯混凝土随打随抹一次成活，并加护角。

（2）如果楼梯二次抹灰或铺砖，踏步的高度和宽度应考虑装修面层的厚度，起步和止步浇筑高度还要考虑楼梯间休息平台面层的厚度。

（3）楼梯模板支撑也可垂直于踏步板底设置。

第七节 电梯井模板

020701 定型钢制筒模

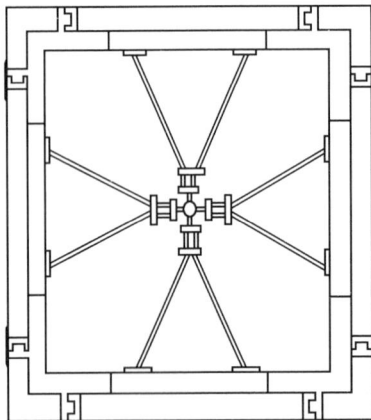

工艺说明：

(1) 筒模是由平模、角模和紧伸器等组成。

(2) 主要适用于电梯井内模的支设，同时也可用于方形或矩形狭小建筑单间、建筑构筑物及筒仓等结构。

(3) 筒模具有结构简单、装拆方便、施工速度快、劳动工效高、整体性能好、使用安全可靠等特点。

020702　电梯井支模平台——墙豁支撑式

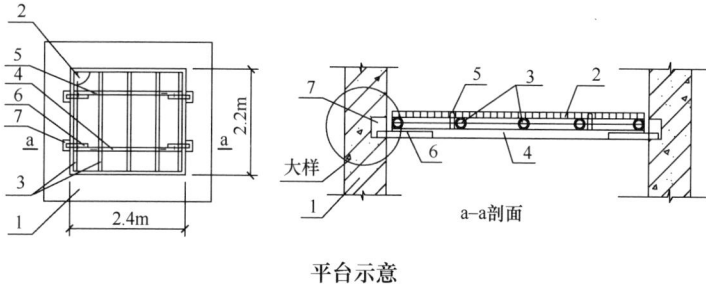

平台示意

a–a剖面

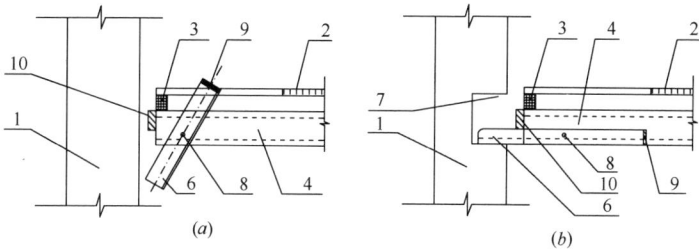

(a)　　　　　　　　　　(b)

图2　节点大样图

1—混凝土井墙；2—木地板；3—方木龙骨；4—钢梁；5—吊环；
6—钢支腿；7—支座孔；8—钢销钉；9—配重板；10—挡板

工艺说明：

（1）平台结构采用普通梁格系，面层铺15mm厚木板，下面布置5根60mm×90mm木方龙骨，龙骨下面为两根［128a槽钢钢梁；

（2）在两根钢梁上焊四个吊环，每浇筑完一个楼层高的井筒筒壁混凝土，平台就提升一次，在每层筒壁上部平台钢梁制作的位置上留出4个支座孔（100mm×100mm×300mm），作为平台提升后钢梁的支座；

（3）平台两端有钢支腿，支腿采用∟90mm×8mm角钢制作，用ϕ20钢销钉与钢梁连接；

（4）平台向上提升时，支腿沿井筒壁滑行，当滑行到支座孔时，由于支腿有配重板，支腿会自动伸入到支座孔内；经检查4个支腿全部伸入支座孔后，方可将吊环与塔吊吊钩脱离，工人即可在平台上操作。

020703 电梯井支模平台——三角支架式

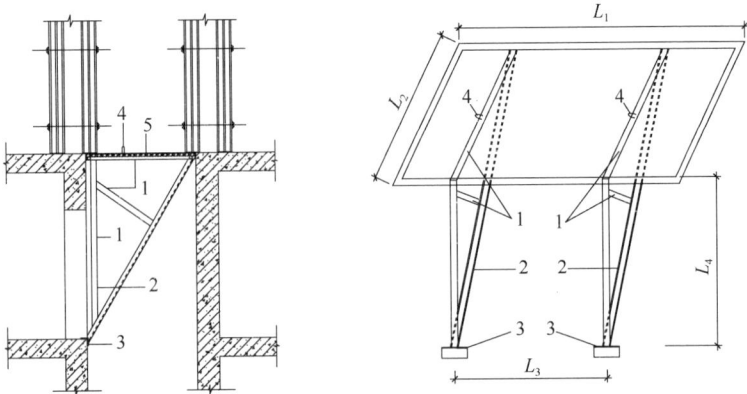

电梯井三角支架式平台

L_1—电梯井洞宽—20mm；L_2—电梯井进深；L_3—门洞宽度
—150mm；L_4—层高—50mm；1—$\phi48\times3.5$钢管；2—[10号
槽钢；3—L100×800角钢；4—吊环；5—50mm厚脚手板

工艺说明：

（1）平台尺寸与电梯井尺寸相同，直角边为电梯井高度，平台面层铺50mm厚普通脚手板，平台由$\phi48$钢管焊接而成，支架由四根$\phi48$钢管和两根10号槽钢组成，支座为100mm×100mm角钢；在平台上焊2个吊环。

（2）由于平台为三角形，根据三角稳定的原理，只要将平台支座支设在下一层的入口处，平台即牢固地卡在电梯井内（见图）。

（3）拆模后用塔吊吊钩钩住吊环，使平台略微倾斜，即可将平台平稳提升。

第八节 门窗洞口、阳台及异型部位模板

020801 门窗洞口钢制定型模板

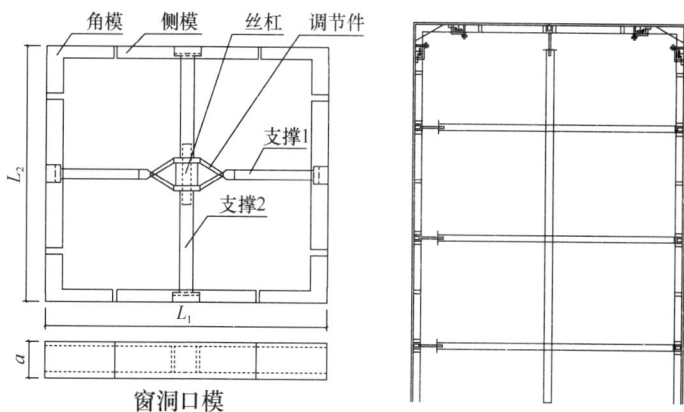

窗洞口模

工艺说明：

（1）定型钢制门窗洞口模板，可保证门、窗洞口的位置及尺寸准确，模板可拼装、易拆除、刚度好；

（2）为控制门窗洞口的变形，可采用门窗洞口模板镶嵌于墙体模板组成整体式模板的方法。

020802 门窗洞口木制定型模板

12mm木胶板面板 50×100木方 140×140角钢

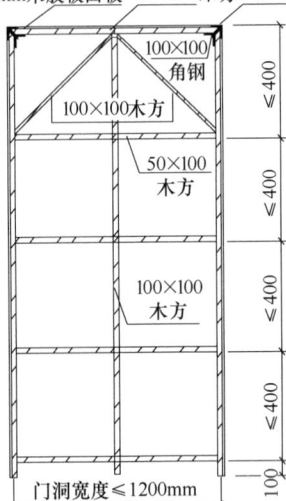

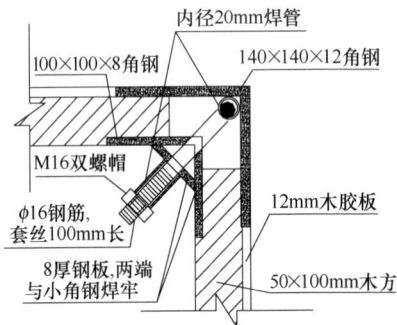

100×100角钢

100×100木方

50×100木方

100×100木方

门洞宽度≤1200mm

≤400
≤400
≤400
≤400
100

内径20mm焊管

100×100×8角钢

140×140×12角钢

M16双螺帽

φ16钢筋，套丝100mm长

8厚钢板，两端与小角钢焊牢

12mm木胶板

50×100mm木方

门窗洞口模板角部角钢紧固

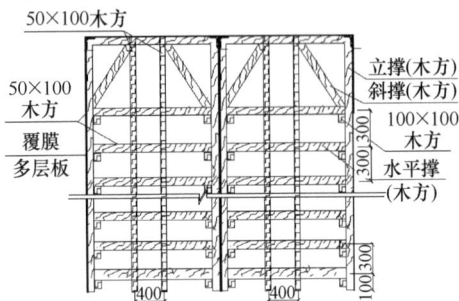

50×100木方

50×100木方

覆膜多层板

立撑(木方)
斜撑(木方)
100×100木方
水平撑(木方)

墙体洞口大于2500mm定型模板

工艺说明：

（1）木制定型模板应采用定型钢抱角；

（2）门窗洞口模板侧面加贴海绵条防止漏浆；

（3）当窗口尺寸较大时，可采用内部加设支撑或双窗口模板拼接，以加强洞口模板整体刚度；

（4）浇筑混凝土时从窗两侧同时浇筑，避免窗模偏位。

020803 窗口模板排气孔

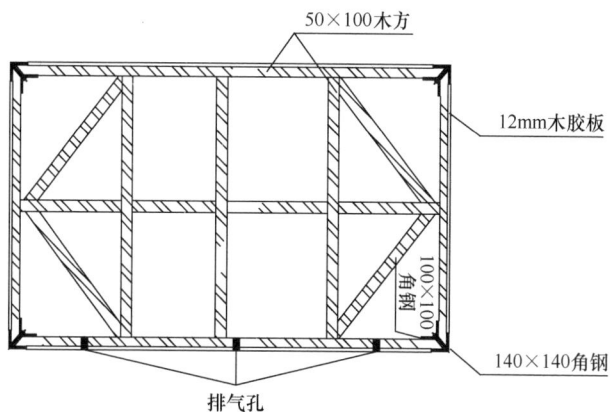

工艺说明：
　　窗洞口模板下要设排气孔，防止混凝土浇筑不到位，并避免混凝土表面产生气泡。

020804 窗口滴水条

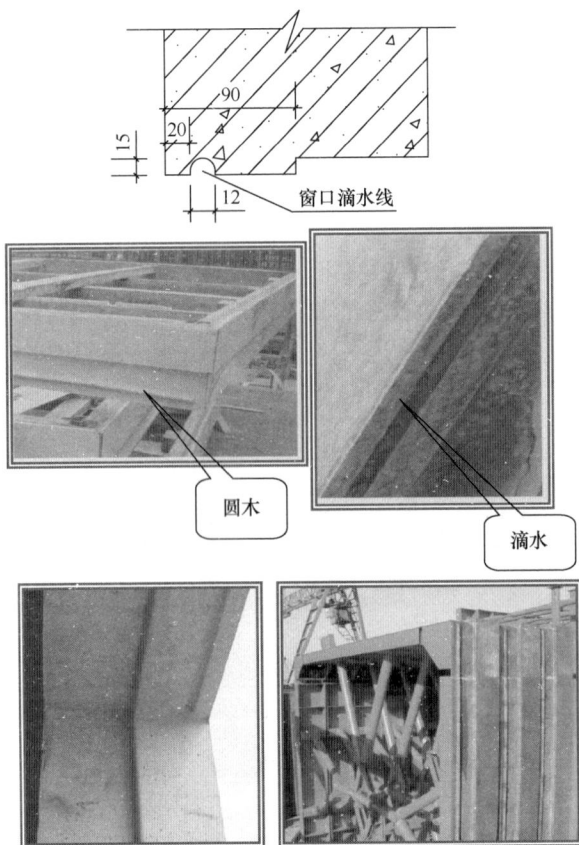

窗口滴水线

圆木

滴水

工艺说明：

（1）外墙只作涂料的外窗口宜做成企口形；滴水可做成U形、半圆形，可用定性模具形成；

（2）滴水线槽不应撞墙，槽端距墙20mm为宜。

020805 阳台模板

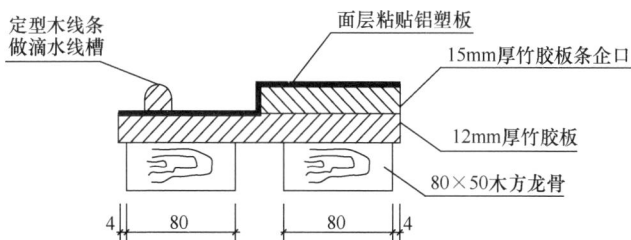

阳台定位模板

滴水线槽

工艺说明：

（1）阳台模板设计时，根据工程量大小及特点，可选用定型模板或拼装式模板；

（2）外墙内保温或外墙只作涂料的工程，阳台滴水线槽应随结构一次留置。

第九节　后浇带及施工缝模板

020901　底板后浇带模板

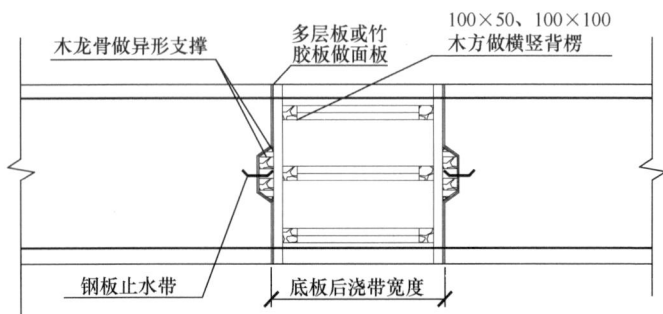

底板后浇带模板支设示意图

工艺说明

（1）底板后浇带要严格按照图纸和施工方案留置。

（2）后浇带两侧模板多留设成企口形式。

020902 地下室外墙后浇带模板

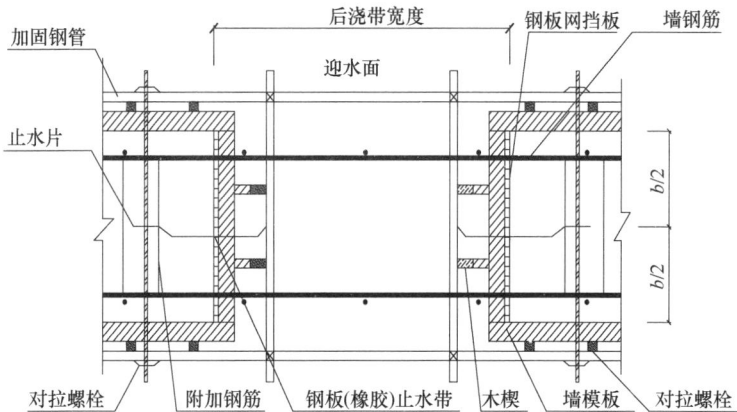

地下室外墙后浇带模板支设示意图

工艺说明：

（1）地下外墙后浇带要严格按照图纸和施工方案留置。

（2）止水带应安装在墙厚1/2处，钢板止水带带槽口应朝向迎水面，焊接附加筋在墙筋上。

（3）钢丝网用扎丝绑扎在附加固定钢筋上，并确保固定牢固，木模板根据水平钢筋间距锯出槽口，安装在钢板网外侧，用钢管、木方加固，间距不大于500mm。

020903 楼板后浇带模板

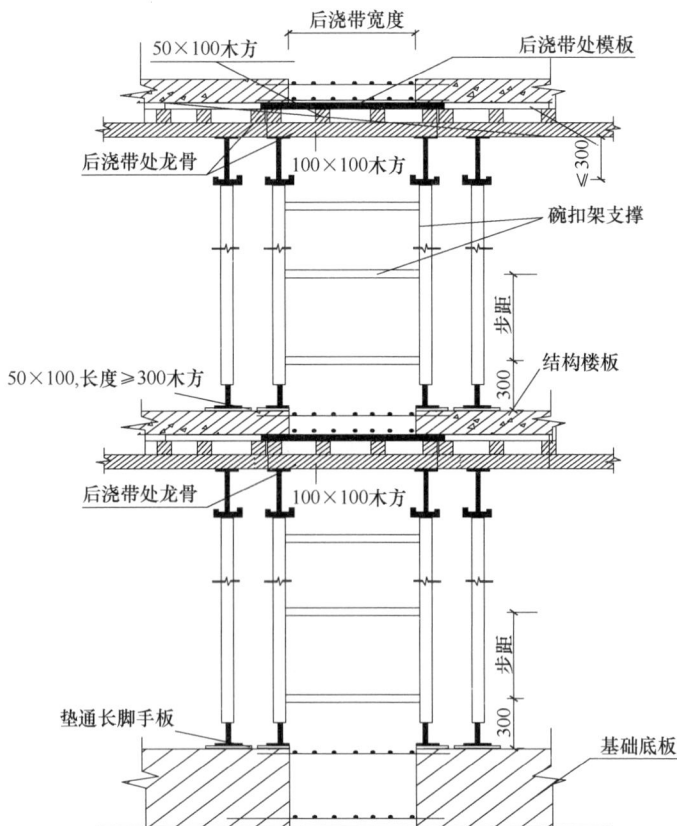

顶板后浇带处支模大样

工艺说明：

（1）梁板后浇带两侧按悬挑结构考虑，模板单独支设，采用双支柱支模，应有可靠的拉结措施，保证其牢固性和稳定性。

（2）顶板模板拆除时，保留后浇带两侧模板不拆除，不应采取先拆模后支顶的方法，以免出现结构变形。

020904 楼板施工缝模板

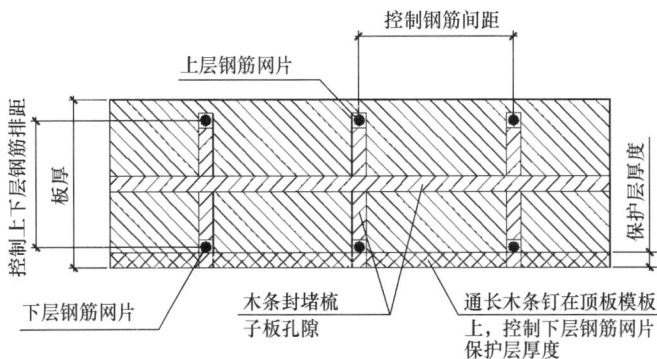

施工缝处钢筋下铁垫木条控制保护层厚度，立面挡板开豁口保证钢筋间距。

工艺说明：

楼板施工缝采用竹胶板或多层板，按钢筋间距和直径做成刻槽挡模，加木条垫板，施工完后及时取出。

020905　墙体竖向施工缝

工艺说明：

（1）竖向施工缝采用钢丝板网，应用挡板支撑牢固。

（2）竖向施工缝也可采用快易收口网，接槎部位不用剔凿处理，可直接进行下段混凝土施工。

020906 双墙变形缝模板

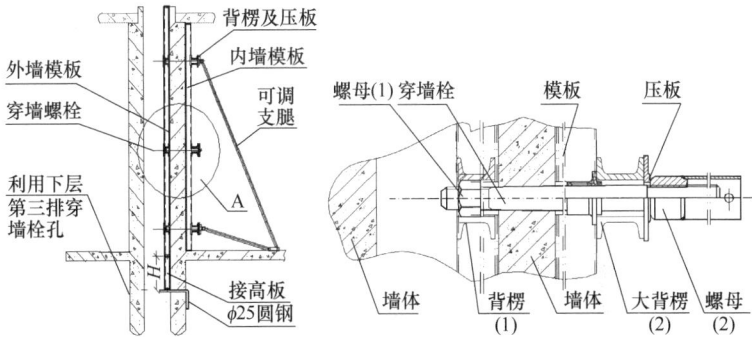

工艺说明:

(1) 当变形缝采用大模板时,变形缝处对拉螺母焊在模板横背楞上。

(2) 变形缝处后浇筑的墙体,在内侧大模板面板上对应螺栓位置处焊接螺母用以紧固螺栓。

第十节 高大模板支撑

021001 梁板模架立杆上、下部构造要求

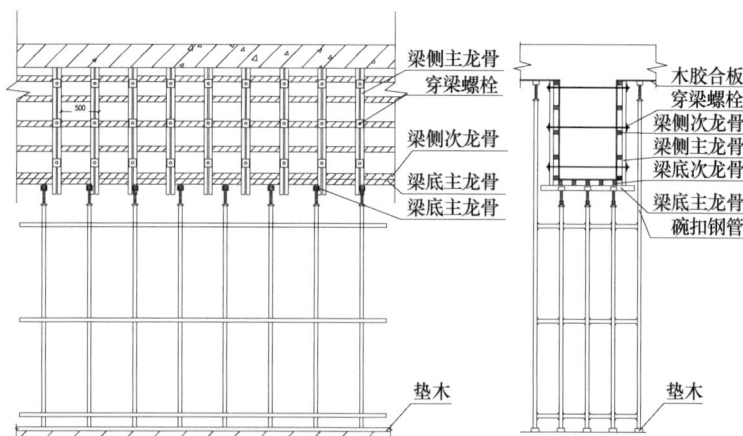

模架下部构造要求

工艺说明：

（1）采用碗扣式钢管脚手架作为高大模板支架时，钢管立柱顶部应设可调支托，U形托螺杆伸出钢管顶部不得大于200mm，螺杆外径与立柱钢管内径间隙不得大于3mm，安装时应保证上下同心。

（2）底层纵、横向水平杆作为扫地杆，距地面高度应小于或等于350mm，立杆底部应设置可调底座或固定底座；立杆上端包括可调螺杆伸出顶层水平杆的长度不得大于0.7m。

（3）可调托座螺杆外径不应小于36mm，螺杆插入钢管的长度不应小于150mm。

021002 模架立杆顶部支设要求

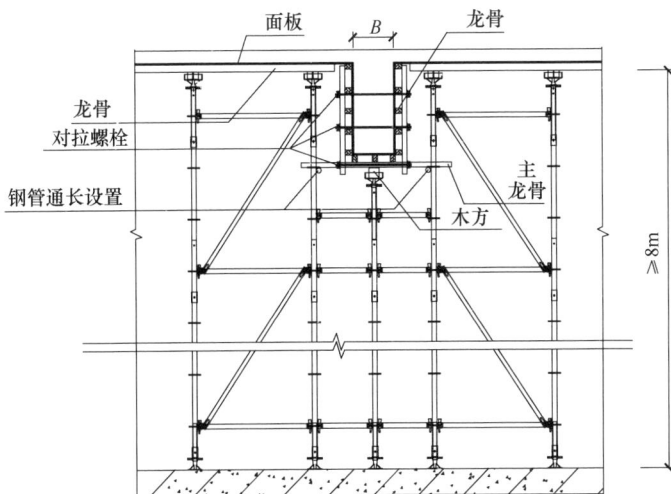

工艺说明:

(1) 采用承插型盘扣式钢管脚手架作为高大模板支架式,脚手架模板支架可调托座伸出顶层水平杆悬臂长度严禁超过 650mm,且丝杆外露长度严禁超过 400mm,可调托座插入立杆长度不得小于 150mm。

(2) 高大模板支架最顶层的水平杆步距应比标准步距缩小一个盘扣间距。

(3) 模板支架可调底座调节丝杆外露长度不应大于 300mm,作为扫地杆的最底层水平杆离地高度不应大于 550mm,并应借助可调底座调节尽可能使扫地杆在一个高度上。当单肢立杆荷载设计值不大于 40kN 时,底层的水平杆步距可按标准步距设置,且应设置竖向斜杆,当单肢立杆荷载设计值大于 40kN 时,底层的水平杆应比标准步距缩小一个盘扣间距,且应设置竖向斜杆。

021003　水平、竖向剪刀撑

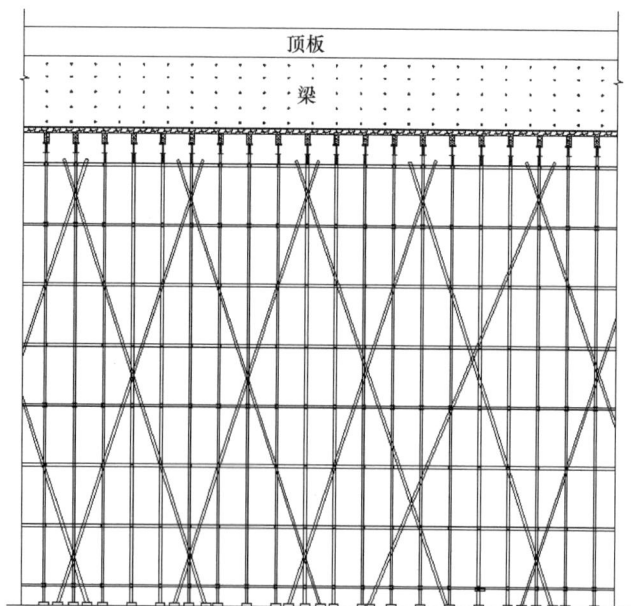

工艺说明：

（1）采用扣件式钢管作为满堂模板立柱支撑，当建筑层高在8～20m时，除满足剪刀撑布置的一般规定外，还应在纵横向相邻的两竖向连续式剪刀撑之间增加之字斜撑，在由水平剪刀撑的部位，应在每个剪刀撑中间处增加一道水平剪刀撑。

（2）当建筑层高超过20m时，在满足以上规定的基础上，应将所有之字斜撑全部改为连续式剪刀撑。

（3）模板支架顶部和底部必须设置水平剪刀撑，中间水平剪刀撑间距应小于或等于4.8m。

021004 高大模板连墙件设置

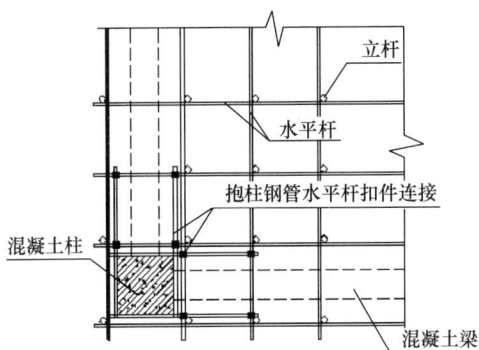

立杆

水平杆

抱柱钢管水平杆扣件连接

混凝土柱

混凝土梁

工艺说明:

当支架立柱高度超过5m时,应在立柱周圈外侧和中间有结构柱的部位,按水平间距6~9m、竖向间距2~3m与建筑结构设置一个固结点。

第十一节 铝合金模板

021101 铝合金顶板模板支撑

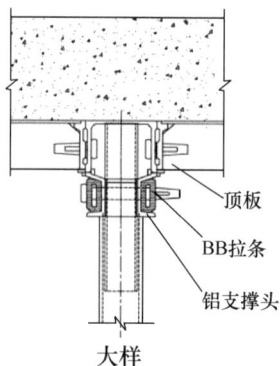

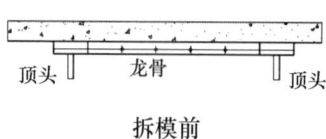

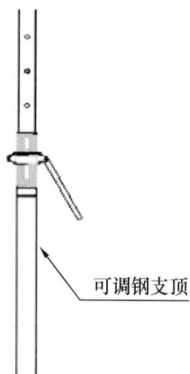

顶板

BB拉条

铝支撑头

大样

顶头 龙骨 顶头

拆模前

顶头 龙骨 顶头

拆模后

可调钢支顶

工艺说明：

（1）铝合金模板支撑采用早拆体系，拆除顶板模板，保留早拆头及立杆；

（2）支撑系统是独立式钢支撑，只用可伸缩微调的单支顶来支撑，立杆间距纵横不宜大于1.2m；

（3）安装完成后，应检查模板板面的标高，通过可调钢支顶调节高度。

021102　铝合金竖向模板支撑

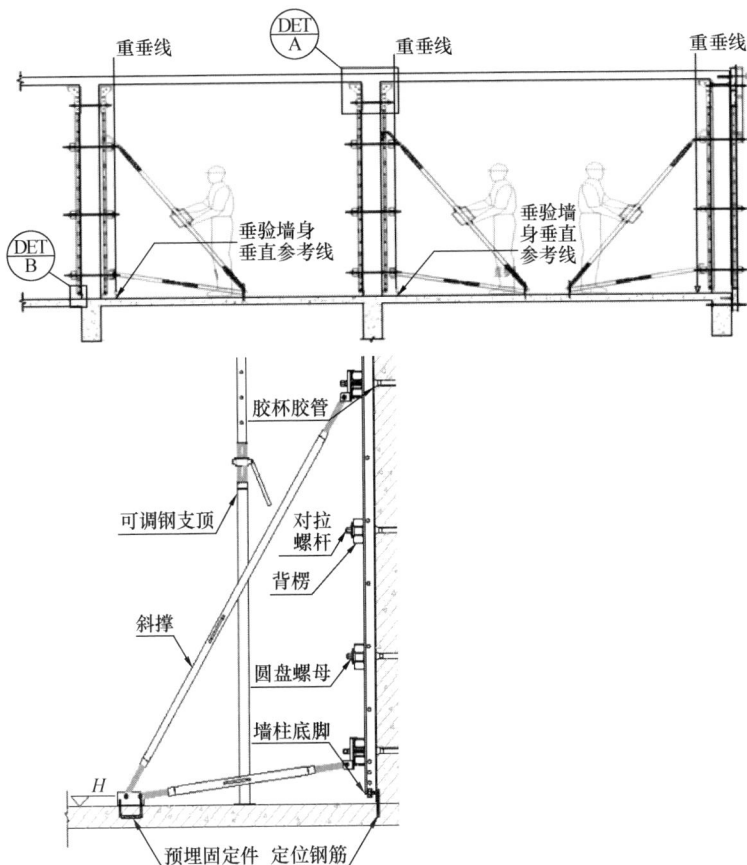

工艺说明：

（1）楼板浇筑时预埋可调斜撑使用的固定件；

（2）墙模板斜撑间距不宜大于 2000mm，柱模板斜撑间距不宜大于 700mm，柱截面尺寸大于 400mm 时，单边斜撑不应少于两根；

（3）安装过程中遇到墙拉杆位置，需要将胶管套住拉杆，两头穿过对应的模板孔位。

021103 铝合金墙模板拉结措施

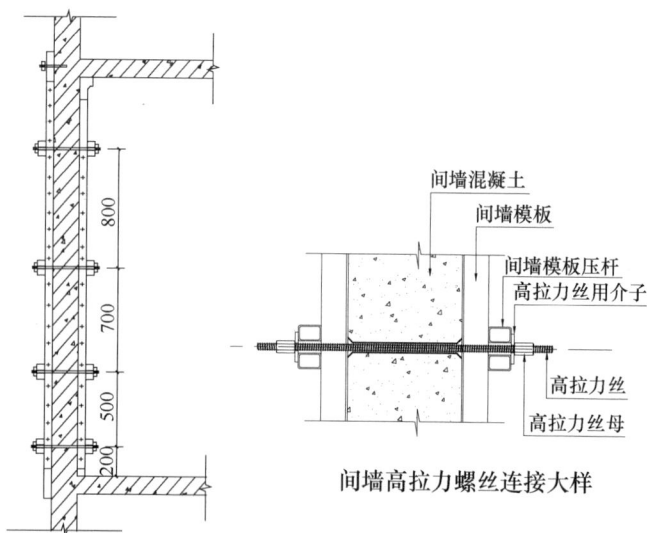

间墙混凝土
间墙模板
间墙模板压杆
高拉力丝用介子
高拉力丝
高拉力丝母

间墙高拉力螺丝连接大样

工艺说明：

（1）墙模板设置对拉螺栓，以固定模板和控制墙厚；

（2）对拉拉杆纵向、横向间距应根据设计计算；

（3）墙模板背面设置有背楞，背楞设置间距应根据设计计算。

021104 铝合金梁模板

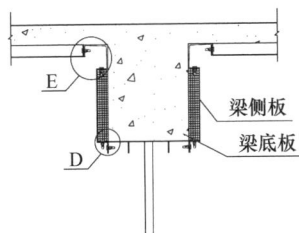

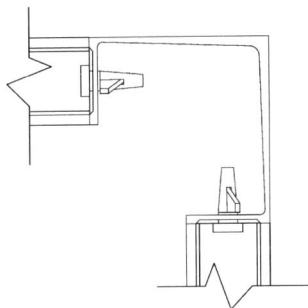

连接详图 E

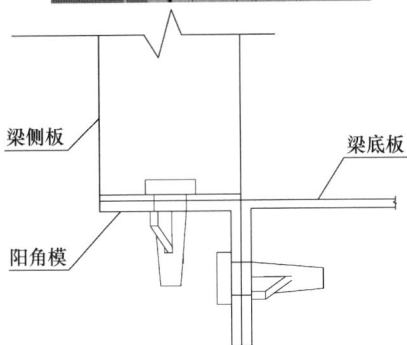

连接详图 D

工艺说明：

（1）楼板、梁板模板应通过阴角连接件相连，并用卡扣紧固。

（2）梁底模板需支顶于铝梁上，此处刚度加大，模板不易变形。

（3）根据设计计算，梁模板必要时需加设对拉螺栓；支撑数量、间距亦根据设计计算确定。

021105　铝合金墙、柱模板根部处理

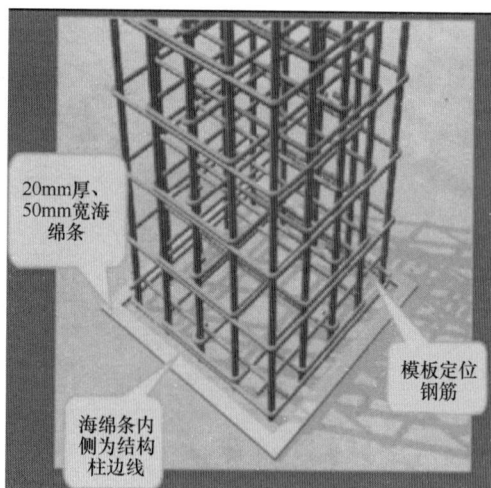

20mm厚、50mm宽海绵条

模板定位钢筋

海绵条内侧为结构柱边线

工艺说明：

（1）铝合金模板对墙、柱根部混凝土平整度要求为5mm以内，超高处应剔除，过低处应用砂浆补平。

（2）铝合金墙、柱模板安装前应在根部先贴海绵条或用发泡胶等措施封堵。

（3）钢筋绑扎时应设置模板定位措施筋。

021106　铝合金模板顶板留洞

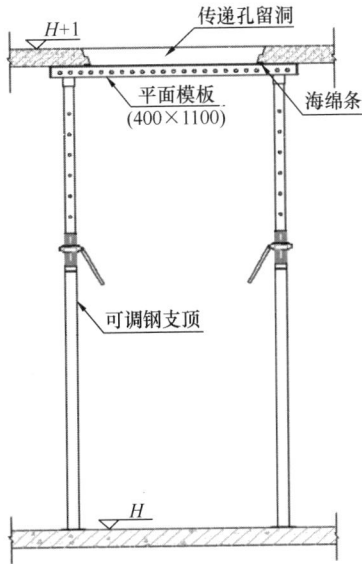

工艺说明：

(1) 安装时应保证洞口模板与铝模销钉锁紧；

(2) 模板留洞不应设置于卫生间等预埋管线较多及有防水要求的部位。

021107 电梯井铝合金模板

工艺说明:

(1)电梯井、采光井模板顶部需用角铁或者槽钢加固,以保证电梯井模板刚度。

(2)模板设置背楞及对拉螺栓,设置间距应根据模板设计计算。

第十二节 液压爬升模板

021201 液压爬升模板系统

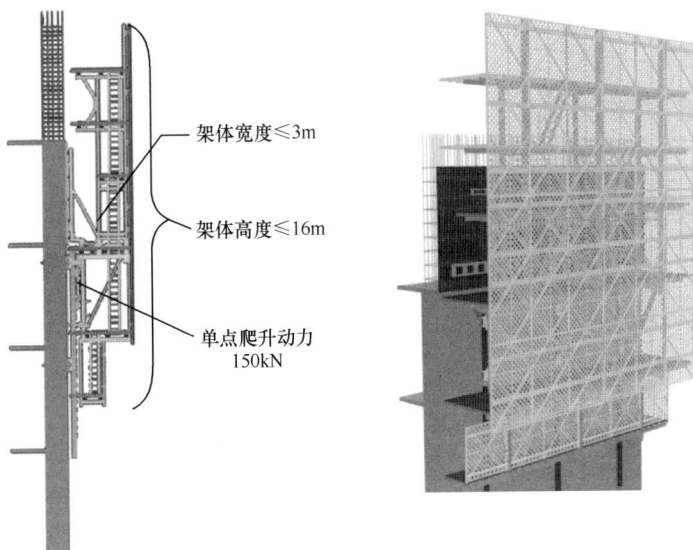

工艺说明:

(1) 液压爬模架可自行爬升,全封闭防护,可与内爬塔、施工电梯机具配合使用;

(2) 液压爬模架可覆盖四个半层高,有六层操作平台,上两层为绑筋操作平台;中间两层为支模操作平台;下层为爬升操作平台;最底层为拆卸清理维护平台;

(3) 模架具有可承重钢平台,钢筋绑扎平台及拆卸清理平台施工荷载限值为 $4kN/m^2$,支模操作平台施工荷载限值为 $1kN/m^2$。

021202　液压爬升导轨固定节点

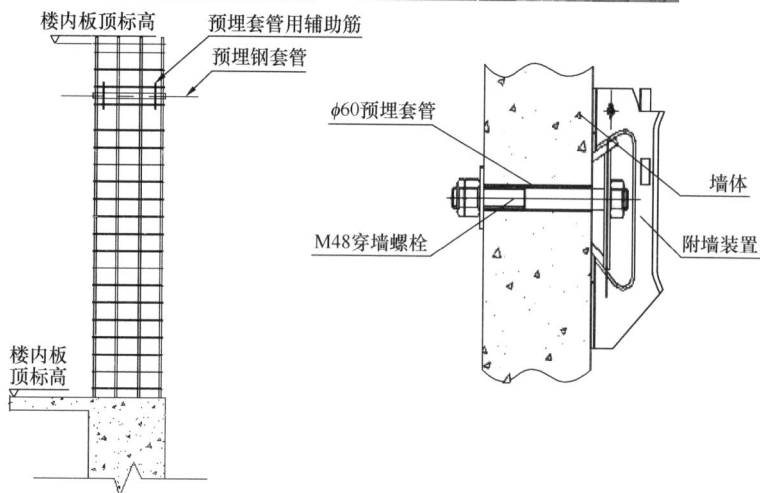

工艺说明：

（1）液压爬升导轨固定系统包括穿墙螺栓、附墙装置、连接销轴；

（2）随结构施工预埋穿墙套管，预埋时除套管用附加钢筋与墙体钢筋焊接固定外，还须将两套管之间用附加钢筋进行焊接连接固定，当浇筑完混凝土且其强度达到10MPa时，方可安装附墙装置；

（3）导轨固定埋件位置设计时，尽量避开洞口，若无法避开，可采用槽钢做成可拆卸辅助支撑或在洞口内做钢筋混凝土柱体上下连成整体，满足固定要求。

021203 液压爬升模板固定、退模节点

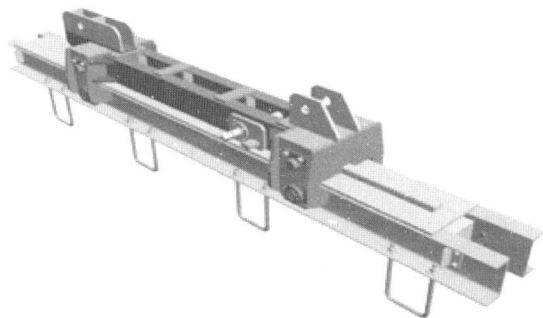

工艺说明:

(1) 模板通过 3 道模板钩或螺栓与架体进行拉结固定;

(2) 开、合模及模板移动系统由水平移动滑车、调节支腿、液压支杆组成;

(3) 移动滑车横梁与爬架体主梁上下位置错开安装,方便架体机位附着安装;

(4) 滑车最大移动距离设计为 750mm,当退出模板时,旋转调节支腿,使得整个模板支架稍倾斜一定角度,然后再进行退模,最大调节角度不超过 45°。

第十三节　清　水　模　板

021301　禅缝模板

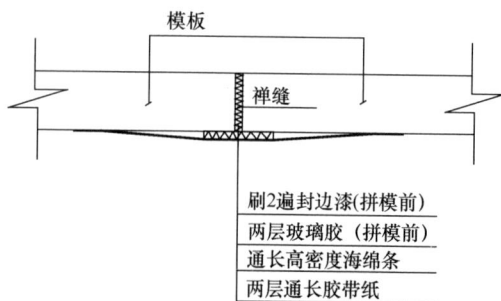

刷2遍封边漆(拼模前)
两层玻璃胶（拼模前）
通长高密度海绵条
两层通长胶带纸

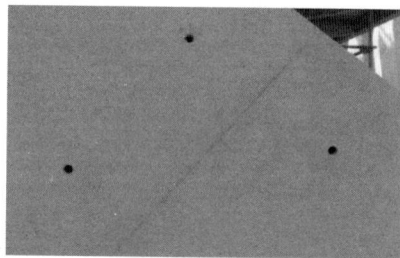

工艺说明:

(1) 禅缝是指模板拼缝在混凝土表面上留下的细小痕迹。

(2) 禅缝设置的原则为设缝合理、均匀对称、长宽比例协调。

(3) 禅缝拼装缝的宽度根据蝉缝要求的明暗程度进行设计,当深化设计要求蝉缝的明暗度为似隐似现时,拼缝可控制在 0.3～0.5mm;当深化设计要求禅缝的明暗度为明显时,拼缝可控制在 0.5～0.8mm。

(4) 禅缝水平方向交圈,竖向顺直有规律,不得出现断缝、错缝。

(5) 禅缝的一般做法:拼模前模板刷 2 遍封边漆,涂玻璃胶。拼模处设置通长高密度海绵条和胶带纸。

021302 明缝模板

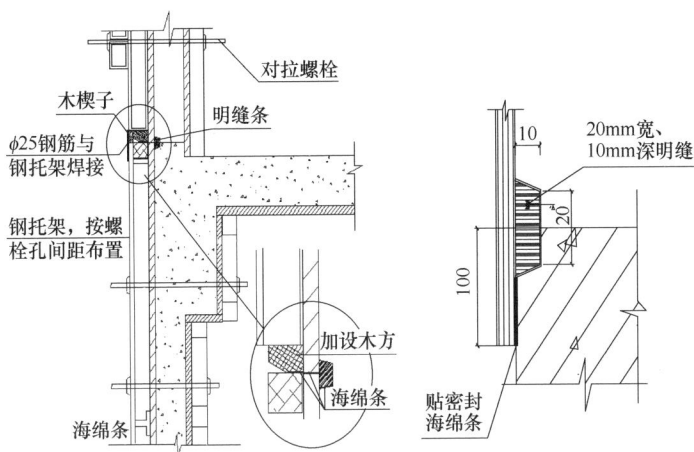

工艺说明:

(1) 明缝是指模板上下连接和分段、分块连接的施工缝,应美观、协调、统一、对称。

(2) 明缝宜设置在楼层标高、窗台标高、窗过梁梁底标高、窗间墙边线或其他分格线位置。

(3) 明缝条可设在模板周边,也可设在面板中间。

(4) 明缝条可选用截面呈梯形的硬木、铝合金等材料,并用螺栓固定在模板边框上。

(5) 明缝位置在墙体阴阳角处时,角模和大模板分别压明缝条。

(6) 明缝水平方向应交圈,竖向应顺直有规律。

021303   穿墙螺栓孔

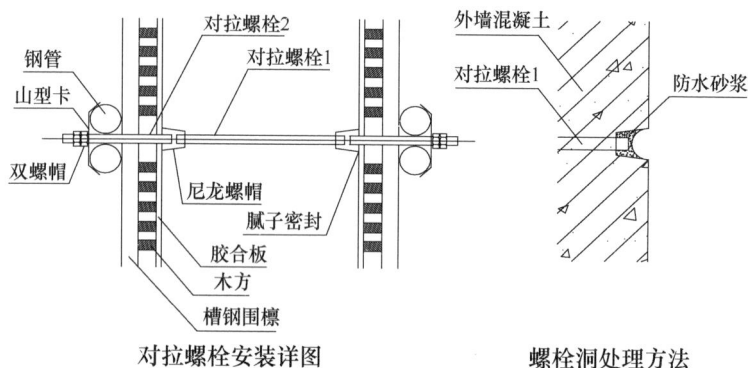

对拉螺栓安装详图   螺栓洞处理方法

工艺说明:

（1）螺栓孔眼的排布应纵横对称、间距均匀，距构件边缘尺寸一致，穿墙螺栓应满足受力要求且同时应满足设计的要求。

（2）穿墙套管外表面材质应光滑。

（3）螺帽外衬橡胶垫片，避免漏浆。

（4）拆模后形成孔洞应用防水砂浆抹成弧形，孔洞应具有装饰效果，均匀一致。

021304 穿墙套管组件

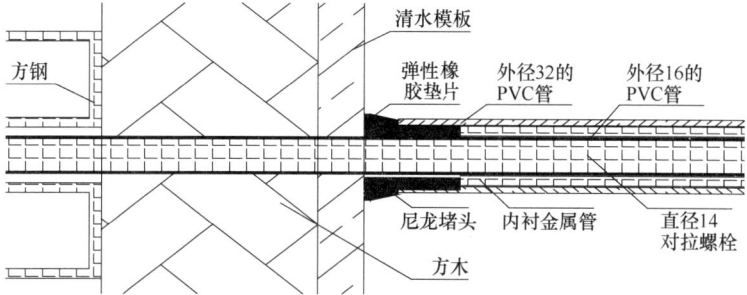

工艺说明:

(1) 穿墙套管组件由尼龙堵头、弹性橡胶垫片、外径32 的 PVC 管（2mm 厚）、内衬钢管、外径 16 的 PVC 管（1mm 厚）及穿墙螺栓组成。

(2) 设置弹性橡胶垫片,防止漏浆。

021305　假眼

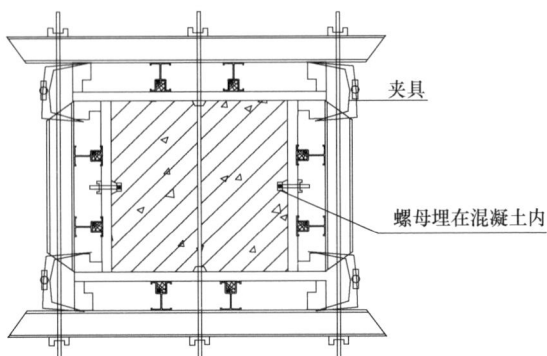

夹具

螺母埋在混凝土内

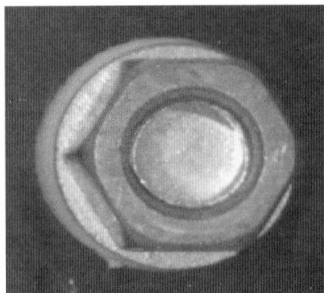

工艺说明：

（1）在没有对拉螺栓的位置设置堵头而形成的有饰面效果的孔眼。

（2）假眼根据实际要求的大小，可选择不同直径的螺帽或替代品定在模板面上。

021306 定位钢筋端头节点

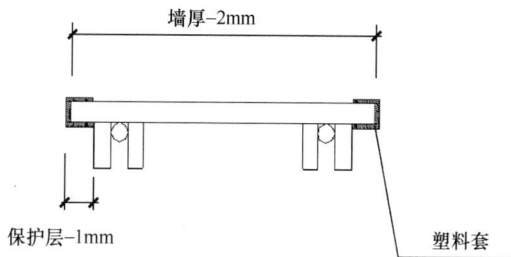

工艺说明：

定位钢筋的端头要套上与混凝土颜色相近的塑料套，以保证清水混凝土的效果。

021307　钢筋保护层控制

工艺说明：

（1）钢筋绑扎时绑丝绑扣向内弯折，不能接触模板，以免因绑丝外露造成锈斑。

（2）采用十字卡扣式钢筋保护层尼龙垫块，避免出现漏筋及钢筋纹理等现象。

（3）因清水混凝土钢筋保护层厚度比普通混凝土大，为防止混凝土开裂，建议采用增加抗裂钢筋（纵横向均加）的做法。

第十四节 模板清理、养护及冬期保温措施

021401 模板清理

工艺说明:

(1) 设置专人、专用工具对模板进行清理,并将清理模板作为一道工序验收。

(2) 做到"一磨(用打磨机磨去凸物)、一铲(用铁铲铲去污物)、一擦(用拖布擦洗板面)、一涂(用滚子涂刷脱模剂)"四道工序,尤其是模板的口角处。

(3) 模板清理合格后方能涂刷脱模剂,脱模剂宜选用专用脱模剂。

(4) 钢模可采用好机油加柴油按一定比例配制,一般用机油和柴油3:7或2:8(体积比)配制而成。

(5) 木模板宜采用水性脱模剂。

(6) 冬雨期施工不宜使用水性脱模剂。

(7) 涂刷时以不流坠为准,且要均匀,无漏刷,模板吊装前应将浮油擦净。

021402　墙体大钢模板保温

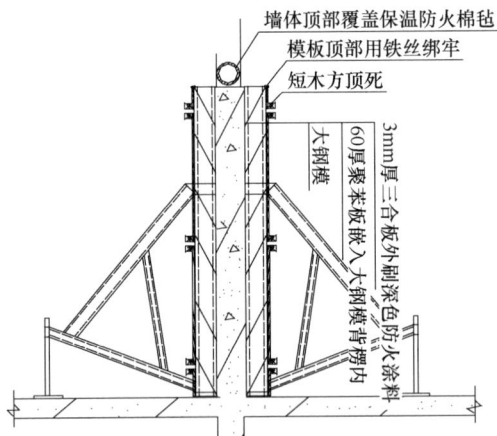

工艺说明：

（1）墙体大钢模板外侧多采用苯板做保温，将苯板置于竖肋及背楞之间；

（2）大模板边缘部位和穿墙螺栓处的保温应加强，在螺栓四周苯板处可用丝绵塞严，以免形成冷桥；

（3）大模板拆模后发现有脱落、损坏的现象，应及时修补；

（4）墙体大钢模板也可采用喷涂发泡聚氨酯、电热毯等保温增温措施，所采用的措施应通过计算确定。

第三章　混凝土工程

第一节　混凝土运输

030101　坍落度测试

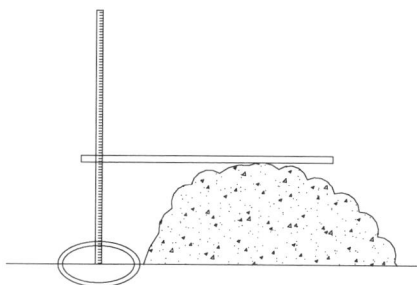

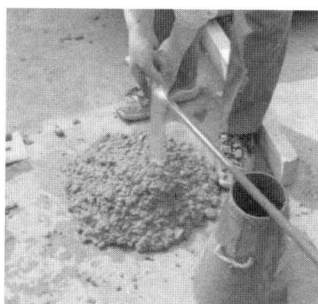

工艺说明：

（1）混凝土运至浇筑地点时，应进行坍落度测试，应符合浇筑所规定的坍落度值；

（2）高温施工时，混凝土坍落度不宜小于70mm，泵送混凝土的入泵坍落度不宜小于100mm；

（3）对于不满足要求的混凝土一律退场，并做好记录工作；

（4）在生产施工过程中，应在搅拌地点和浇筑地点分别对混凝土拌合物进行抽样检验；

（5）混凝土坍落度检验的频率应与强度检验相同；

（6）混凝土交货检验应在交货地点取样，交货检验试样应随机从同一运输车卸料量的1/4～3/4之间抽取。

030102　混凝土输送泵支设

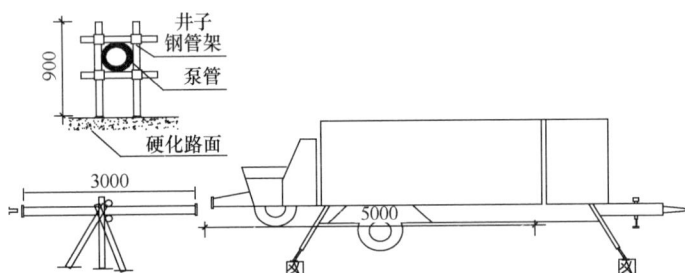

工艺说明：

（1）输送泵安放处道路用 C15 混凝土硬化，输送泵出口处用钢管搭设井字架或专用支架用以固定泵管；

（2）冬期施工时，应对输送泵进行封闭。

030103　首层泵管支设

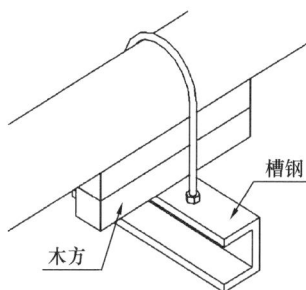

钢板

膨胀螺栓

槽钢

木方

混凝土墩

首层泵管固定详图　　　　　　首层泵管加固详图

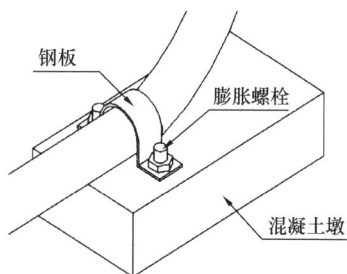

工艺说明：

（1）一般工程首层泵管设置型钢固定；

（2）超高层工程首层泵管设置混凝土墩固定。

030104　泵管布置

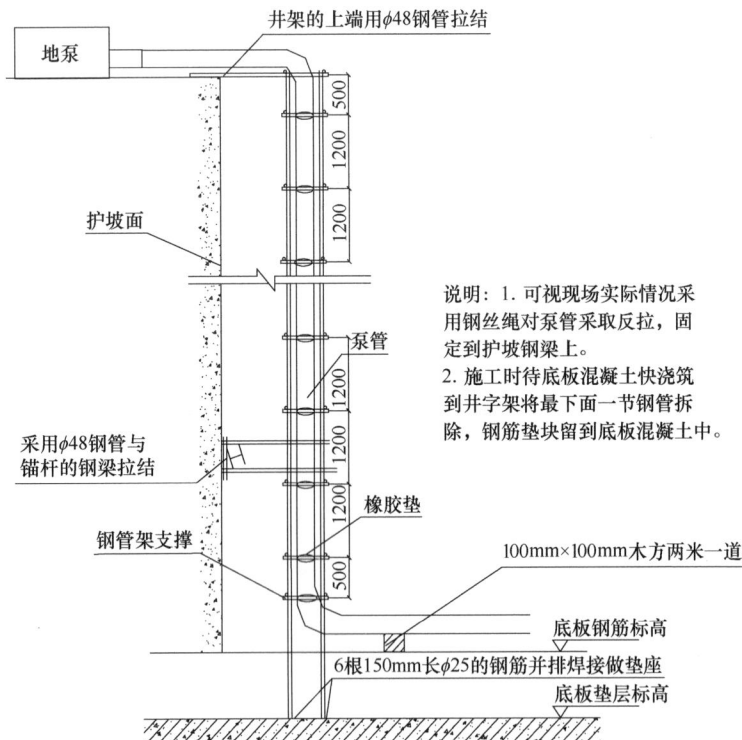

井架的上端用φ48钢管拉结

地泵

500
1200
1200

护坡面

泵管

1200
1200
1200
1200

采用φ48钢管与
锚杆的钢梁拉结

钢管架支撑

橡胶垫

500

说明：1. 可视现场实际情况采
用钢丝绳对泵管采取反拉，固
定到护坡钢梁上。
2. 施工时待底板混凝土快浇筑
到井字架将最下面一节钢管拆
除，钢筋垫块留到底板混凝土中。

100mm×100mm木方两米一道

底板钢筋标高

6根150mm长φ25的钢筋并排焊接做垫座
底板垫层标高

工艺说明：

（1）输送管道宜直，转弯宜缓，应按规定设定支点或
固定，尤其是变径、变方向的泵管处应固定牢固；

（2）向上输送混凝土时，地面水平输送泵管的直管和
弯管总的折算长度不宜小于竖向输送高度的20%，且不宜
小于15m；

（3）输送泵管倾斜或垂直向下输送混凝土，且高差大
于20m时，应在倾斜或竖向管下端设置直管或弯管，直管
或弯管总的折算长度不宜小于高差的1.5倍。

030105 作业面泵管支设

工艺说明:

(1) 浇筑作业面混凝土时水平泵管的支点要支设在梁的支座处或墙体顶部;

(2) 底板混凝土浇筑时水平泵管下部应有钢管或型钢做支撑;

(3) 水平泵管下部应铺设垫木。

030106 泵管穿楼板时竖向固定

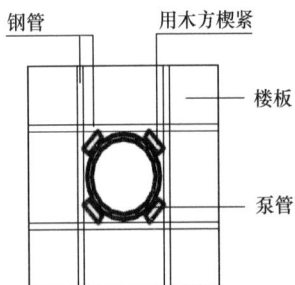

泵管竖向锚固平面图

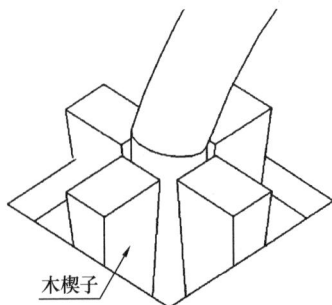

泵管穿楼板固定详图

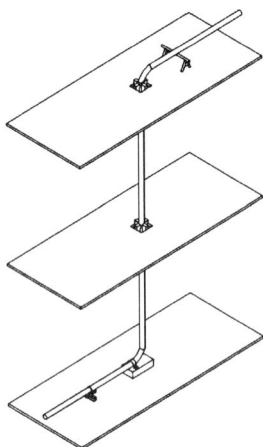

泵管架设轴侧图

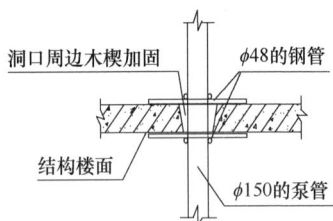

工艺说明：
(1) 泵管穿楼板时宜在楼板上预留孔洞；
(2) 应避开管道间、后浇带；
(3) 泵管穿楼板处四周用木方楔紧。

030107　泵管支设水平固定

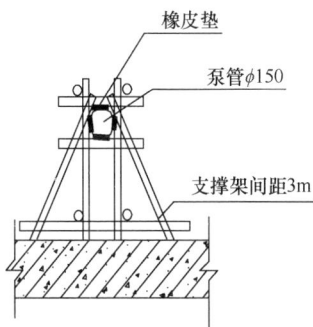

工艺说明：

（1）输送泵管应采用支架固定；

（2）泵管水平铺设固定时与结构楼板之间加设柔性材料，并采用钢管加固，以减缓对楼板的冲击。

030108　泵管水平管转向处与竖向管固定

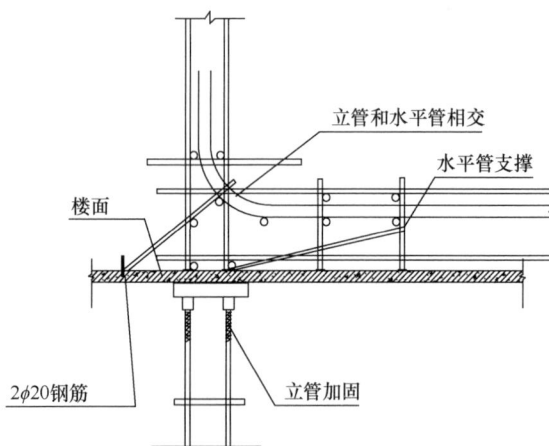

工艺说明：

泵管水平管与竖向管相接部位用钢管固定牢固，泵管转向处支架应加密。

030109　梁板混凝土浇筑布料设备支设

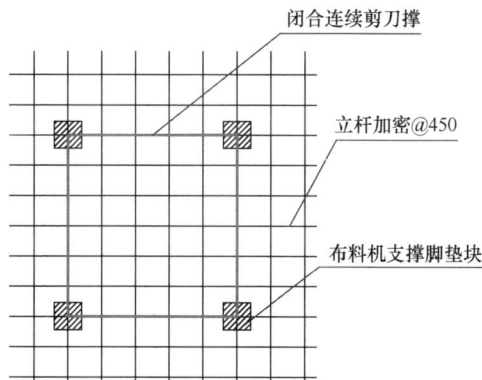

布料机所在区域模板支撑平面图

工艺说明：

（1）混凝土布料设备应安装牢固，且应采取抗倾覆稳定措施；

（2）布料设备安装位置处的结构或施工设施应进行验算，必要时应采取加固措施。

第二节　混凝土浇筑

030201　墙、柱水平施工缝铺底砂浆

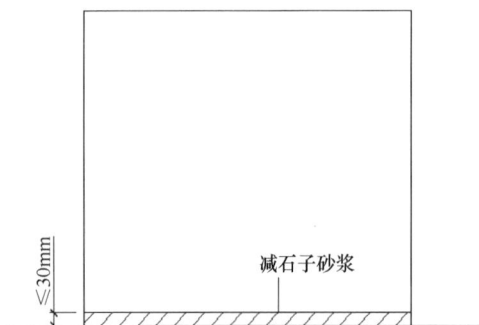

减石子砂浆

$\leqslant 30mm$

同配比减石子砂浆

工艺说明：

（1）墙体、柱混凝土浇筑前，先铺放不大于30mm厚与混凝土内成分相同的减石子砂浆（搅拌无石子），防止产生脱层或麻面；

（2）砂浆铺放应掌握水泥的初凝时间，铺设厚度要均匀，宜用铁锹下料。

030202 墙体混凝土分层浇筑

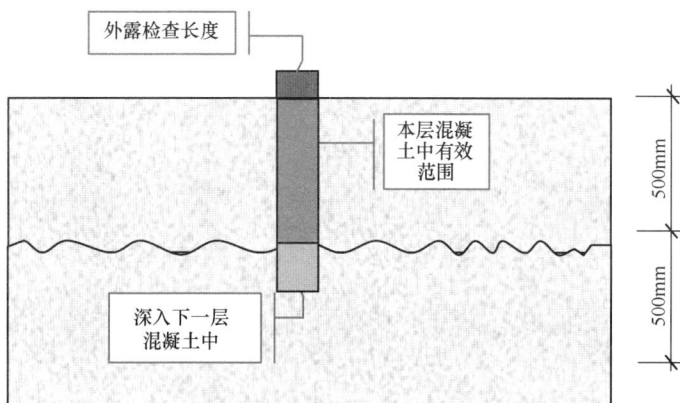

工艺说明:

(1) 浇筑混凝土时应分层进行,并规定其分层的厚度;

(2) 宜采用测杆检查分层厚度;

(3) 混凝土分层浇筑高度不大于500mm;

(4) 当500mm一层时,测杆每隔500mm刷醒目标志线,测量时直立在混凝土上表面上,以外露测杆标志线检查分层厚度。

030203 柱混凝土分层浇筑

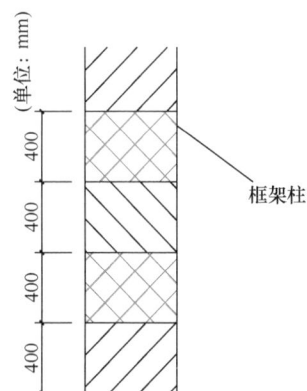

（单位：mm）

400

400

400

400

框架柱

工艺说明：

（1）混凝土柱应分层浇筑，分层厚度应符合振动棒有效作用长度的 1.25 倍，上层混凝土应在下层混凝土初凝之前浇筑完毕；

（2）浇筑前应根据混凝土柱的规格计算出各柱的分层混凝土用量，用以控制每层浇筑时的混凝土量。

030204 底板混凝土浇筑

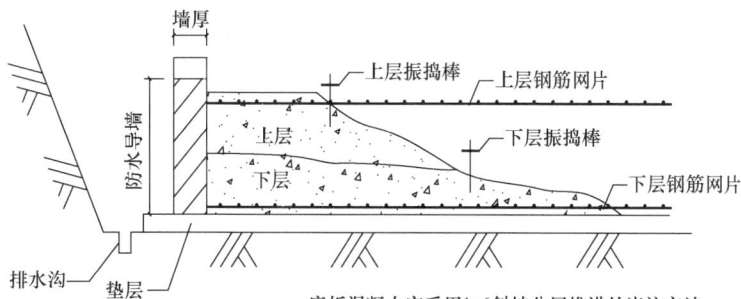

底板混凝土宜采用1:6斜坡分层推进的浇注方法

工艺说明：

(1) 底板混凝土浇筑过程中，要严格控制间歇时间；

(2) 上层混凝土应在下层混凝土初凝之前浇筑完成，振捣上层混凝土时，振捣棒应伸入下层混凝土；

(3) 混凝土分层浇筑应采用自然流淌形成斜坡，并应沿高度均匀上升，分层厚度不宜大于500mm。

030205 梁柱节点核心区

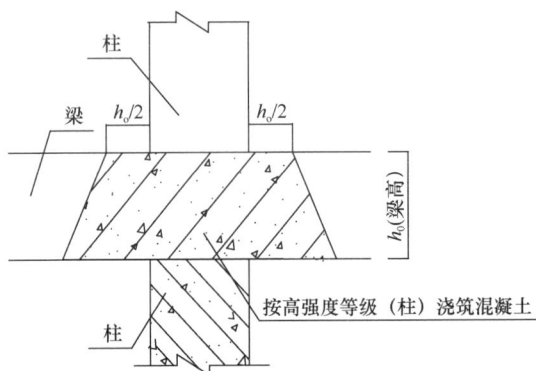

工艺说明:

(1) 梁柱节点核心区处混凝土强度等级相差 2 个及 2 个以上时,应在交界区域采取分隔措施;分隔位置应在低强度等级的构件中,且距高强度等级构件边缘不应小于 500mm,或按设计要求执行,该处混凝土坍落度宜控制在 80~100mm;

(2) 如经设计同意,可采用加腋、柱上下增加插筋等技术措施,浇筑梁板同强度等级混凝土。

030206　串筒、溜管（槽）下料

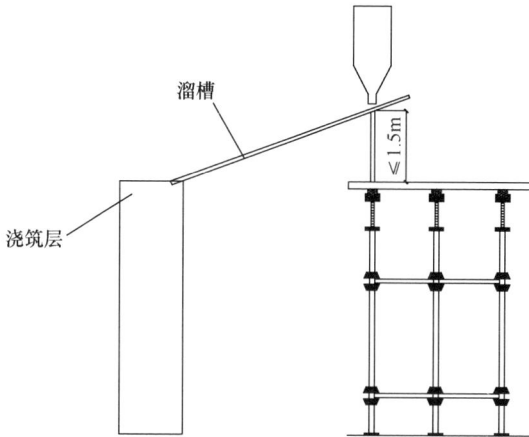

工艺说明：

（1）柱、墙、板混凝土浇筑不得发生离析，当粗骨料粒径大于 25mm 时，浇筑倾落高度应不大于 3m；当粗骨料粒径小于等于 25mm 时，浇筑倾落高度不大于 6m；

（2）出料管口至浇筑层的倾落自由高度不能满足要求时，应加设串筒、溜管（槽）等装置。

030207 门窗洞口浇筑

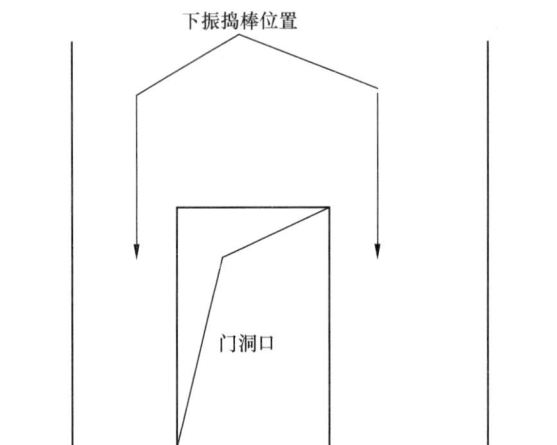

下振捣棒位置

门洞口

工艺说明：

　　（1）浇筑门窗洞口处墙体时，应在门窗洞口两边均匀下料；

　　（2）振捣棒应距离门窗洞口两边200mm同时振捣。

030208 混凝土振捣

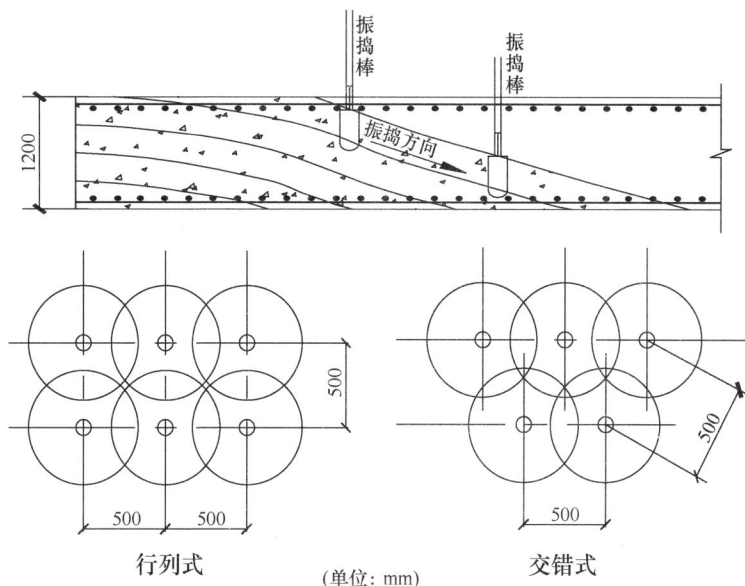

行列式   交错式

(单位: mm)

工艺说明:

(1) 混凝土按分层浇筑厚度分别进行振捣, 振动棒的前端应插入前一层混凝土中, 插入深度不应小于50mm;

(2) 振动棒与模板的距离不应大于振动棒作用半径的50%;

(3) 振捣棒插点间距不应大于振动棒作用半径的1.4倍;

(4) 振动棒插点要均匀排列, 采用"行列式"或"交错式"的次序移动, 不应混用以免漏振;

(5) 振动棒移动间距为500mm为宜。

030209 混凝土收面

根部重点处理

工艺说明：

（1）混凝土浇筑后，在混凝土初凝前和终凝前，宜分别对混凝土裸露表面进行抹面处理；

（2）为防止墙、柱烂根，用木抹子将墙柱根部搓平，墙两边及柱四周高度应保持一致，为下一道支模程序创造条件。

第三节　混凝土施工缝

030301 基础导墙施工缝

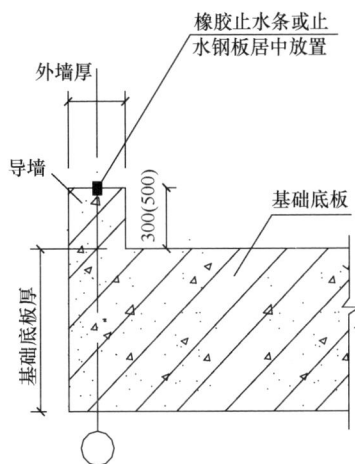

工艺说明：
　　基础导墙水平施工缝应留在高出底板表面≥300mm的墙上（人防工程≥500mm）。

030302　地下室外墙防水混凝土水平施工缝

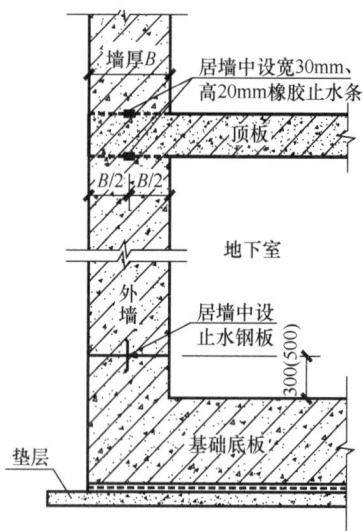

工艺说明：

（1）导墙以上部位地下室外墙水平施工缝分别留设在板下和板上；

（2）水平施工缝浇筑混凝土前，应将其表面浮浆和杂物清除，然后铺设净浆或涂刷混凝土界面处理剂、水泥基渗透结晶型防水涂料等材料，再铺30～50mm厚的1：1水泥砂浆，并应及时浇筑混凝土；

（3）遇水膨胀止水条（胶）应与接缝表面密贴。

030303　墙、柱水平施工缝

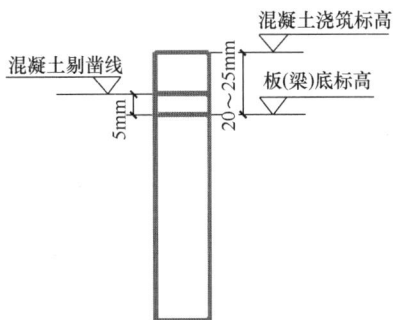

墙柱水平施工缝的留置

工艺说明：

（1）墙、柱水平施工缝宜留在楼板底面以上25～30mm（含20～25mm的软弱层）处；

（2）剔除软弱层后，施工缝应处于楼板底面以上5mm处。

030304　楼板施工缝

工艺说明：

（1）一般情况下，楼板施工缝宜留在楼板跨中 1/3 范围内；

（2）单向板施工缝可留设在与跨度方向平行的任何位置。

030305 墙体竖向施工缝

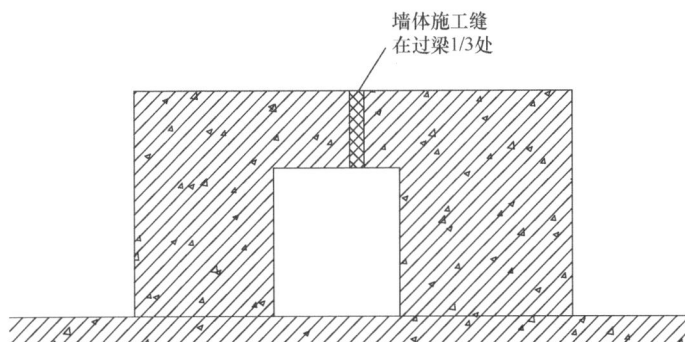

墙体施工缝
在过梁1/3处

施工缝

工艺说明:

(1) 剪力墙结构的墙体竖向施工缝宜留在门洞口过梁跨中1/3范围内;

(2) 也可留置在纵横墙交接处;

(3) 垂直施工缝浇筑混凝土前,应将其表面清理干净,再涂刷混凝土界面处理剂或水泥基渗透结晶型防水涂料,并应及时浇筑混凝土。

030306　框架结构楼梯施工缝

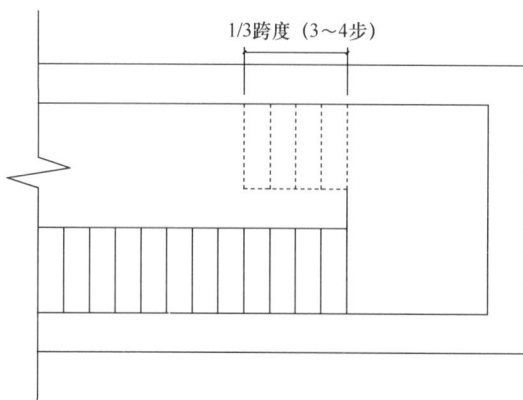

工艺说明：

框架结构楼梯两侧无剪力墙的楼梯施工缝，留置在楼梯上跑自休息台往上＞1/3的位置，约为3～4步。

030307 剪力墙结构楼梯施工缝

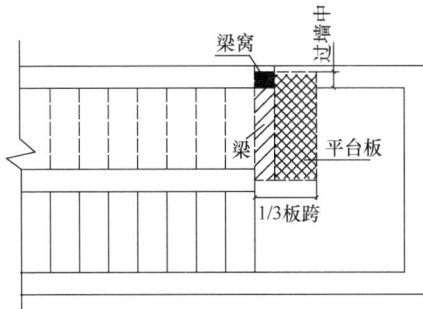

剪力墙结构楼梯施工缝留置位置图

工艺说明：

（1）楼梯施工缝宜设置在休息平台自踏步向外＞1/3处；

（2）楼梯梁应设入墙≥1/2墙厚的梁窝。

030308 梁窝留设

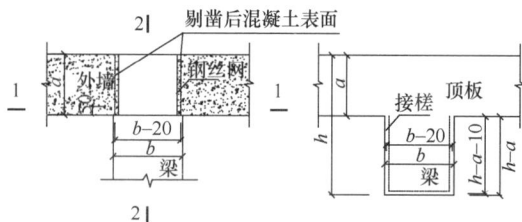

外墙与梁施工缝留置平面图　　1-1剖面图

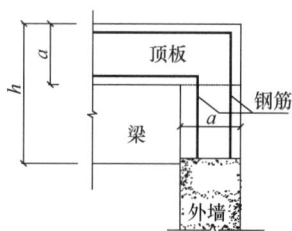

2-2剖面图

外墙与梁施工缝留置

工艺说明：

（1）外墙施工缝宜留设至板底，将梁的位置留设梁窝；

（2）施工缝处加钢丝网，梁的位置可用聚苯板填塞预留。

030309　楼板后浇带施工缝

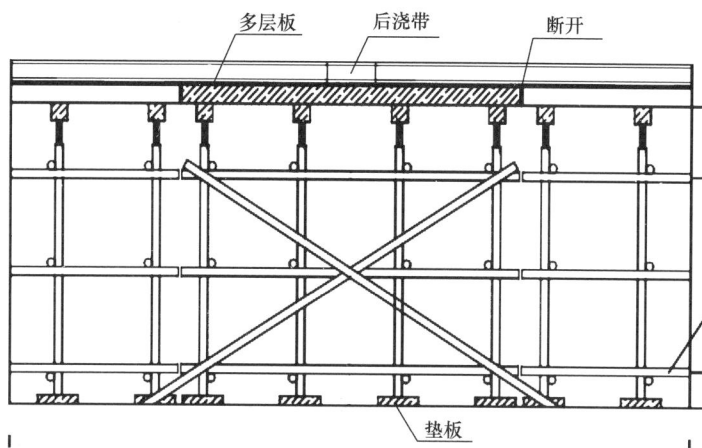

工艺说明:

(1) 后浇带两侧混凝土浇筑后,侧面木条挡板或钢板网应及时取出,清理后对后浇带部位采取封闭措施;

(2) 后浇带浇筑前,应对施工缝进行处理。

030310 水平施工缝处理

剔凿浮浆，直至看见石子

工艺说明：

（1）外露钢筋所沾灰浆应清刷干净；

（2）施工缝处浮浆及软弱混凝土等应剔凿并清理到位，应充分湿润；

（3）浇筑混凝土前，应在施工缝处铺一层与混凝土内成分相同的水泥砂浆30~50mm，使接缝平实。

（1）墙下部水平施工缝

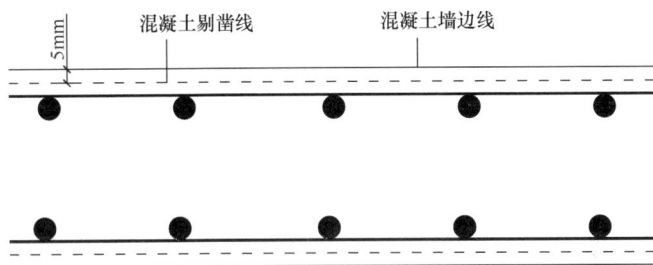

混凝土剔凿线　　混凝土墙边线

5mm

工艺说明：
墙下部水平施工缝应距墙边线内 5mm 弹一道切割线，用无齿锯进行切割，切割深度为 5mm。

223

（2）柱下部水平施工缝

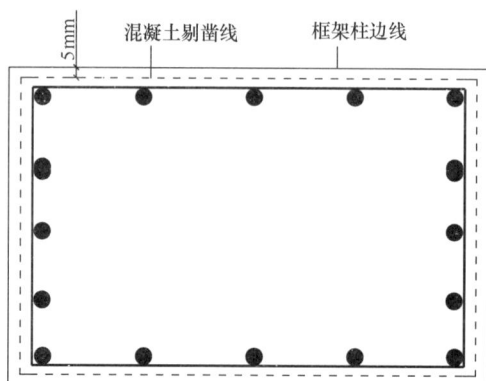

混凝土剔凿线　框架柱边线

工艺说明：

柱下部水平施工缝应距柱边线内5mm弹一道切割线，用无齿锯进行切割，切割深度为5mm。

（3）墙、柱子顶面水平施工缝

墙柱顶部水平施工缝的留置

工艺说明：

墙、柱顶面水平施工缝应按标高线往上5mm再弹一道线，沿线用无齿锯进行切割，切割深度为10mm。

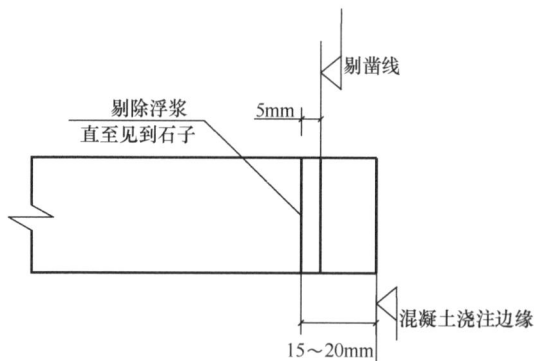

030311　竖向施工缝处理

工艺说明：

墙、板、楼梯竖向施工缝均应弹线，沿线用无齿锯切割，切割深度为10mm。

第四节 混凝土试件

030401 混凝土试块标识

工艺说明：

(1) 用于检验混凝土强度的试件应在浇筑地点随机抽取（通常指入模处），见证取样；

(2) 结构实体混凝土同条件养护试件应在混凝土入模处见证取样；

(3) 试件的成型方法应视混凝土设备条件、现场施工方法和混凝土稠度而定，可采用振动台、振动棒或人工插捣；

(4) 混凝土试件应有唯一性标识，并按照取样时间顺序连续编号，不得空号、重号；

(5) 试件标识至少应包括试件编号、强度等级、制取日期信息；标识应字迹清楚、附着牢固。

030402　混凝土试块标准养护

工艺说明：

(1) 混凝土标准养护试件在施工现场试验室制作完成后，应在温度为 $20\pm5℃$ 的环境中静置 $1\sim2$ 昼夜后拆模、标识；

(2) 拆模后，应立即放入温度为 $20\pm2℃$、相对湿度为95%以上的标准养护室或养护箱中养护；

(3) 标准养护室或养护箱中放温湿度计，每天至少测量2次温湿度，并进行记录。

030403　常温下混凝土试块同条件养护

工艺说明：

（1）同条件混凝土试块应放置在靠近相应结构构件或结构部位的适当位置（放在加锁的钢筋笼内防止丢失）；

（2）试块养护应采取与实体相同的养护方法。

030404　冬施期间混凝土试块同条件养护

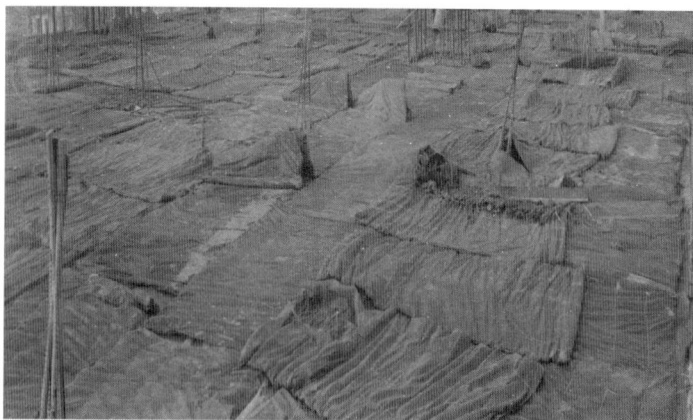

工艺说明：
(1) 冬施期间留置的同条件养护混凝土试块，应放置在相应结构构件或结构部位的适当位置；
(2) 养护方式采取与实体相同的养护和保温方法。

030405 高温期间混凝土试块同条件养护

工艺说明：

（1）高温期间留置的同条件养护混凝土试块，应放置在相应结构构件或结构部位的适当位置；

（2）采取与实体相同的养护和保湿方法。

第五节 混凝土养护

030501 墙体保水养护

工艺说明：

（1）墙体保水养护可采用混凝土裸露表面覆盖塑料薄膜或塑料薄膜加麻袋片进行；

（2）塑料薄膜应紧贴混凝土面，薄膜内应保持有凝结水。

030502　框架柱保水养护

工艺说明：

（1）框架柱保水养护可采用混凝土裸露表面覆盖塑料薄膜或塑料薄膜加麻袋片进行；

（2）塑料薄膜应紧贴混凝土面，薄膜内应保持有凝结水。

030503 楼板保水养护

工艺说明：

（1）楼板保水养护可采用混凝土裸露表面覆盖塑料薄膜或塑料薄膜加麻袋片进行；

（2）塑料薄膜应紧贴混凝土面，薄膜内应保持有凝结水。

030504　洒水养护

工艺说明：

(1) 洒水养护可采用直接洒水或蓄水等养护方式；

(2) 洒水养护应保证混凝土表面处于湿润状态。

030505 底板大体积混凝土养护

工艺说明：

（1）大体积混凝土应进行保温保湿养护，在每次混凝土浇筑完毕后，除应按普通混凝土进行常规养护外，尚应及时按温控技术措施的要求进行保温养护；

（2）保湿养护宜采取在底板大体积混凝土裸露表面覆盖塑料薄膜、塑料薄膜加麻袋、塑料薄膜加草帘进行；

（3）当混凝土浇筑体表面以内 40～100mm 位置的温度与环境温度的差值小于 25℃时，可结束覆盖养护；

（4）覆盖养护结束但尚未达到养护试件要求时，可采用洒水养护方式直至养护结束。

第六节 混凝土保温与测温

030601 冬施混凝土泵管保温

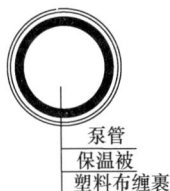

泵管
保温被
塑料布缠裹

工艺说明：

(1) 混凝土输送泵管应用防火保温被包裹保温；

(2) 表层外包塑料布封严，作为防潮保温，减少混凝土热量损失，保证混凝土有较高入模温度。

030602 高温施工混凝土泵管覆盖

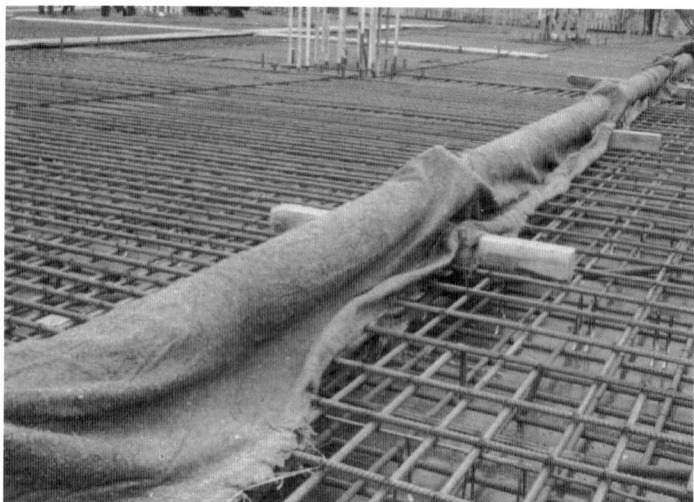

工艺说明：

（1）混凝土输送管应用隔热材料进行遮阳覆盖；

（2）必要时泵管可洒水降温。

030603 冬施门窗封闭养护

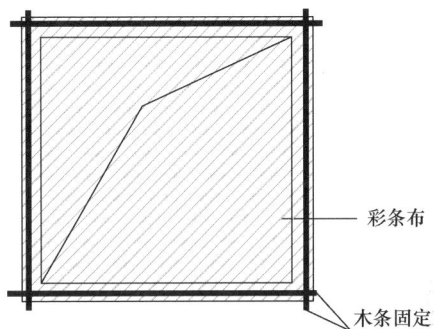

彩条布

木条固定

工艺说明：

（1）混凝土强度在未达到受冻临界强度前，该层门窗洞口需临时封闭；

（2）通常采用彩条布等材料封闭，并用木条固定，防止热量流失。

030604　墙体大钢模板保温

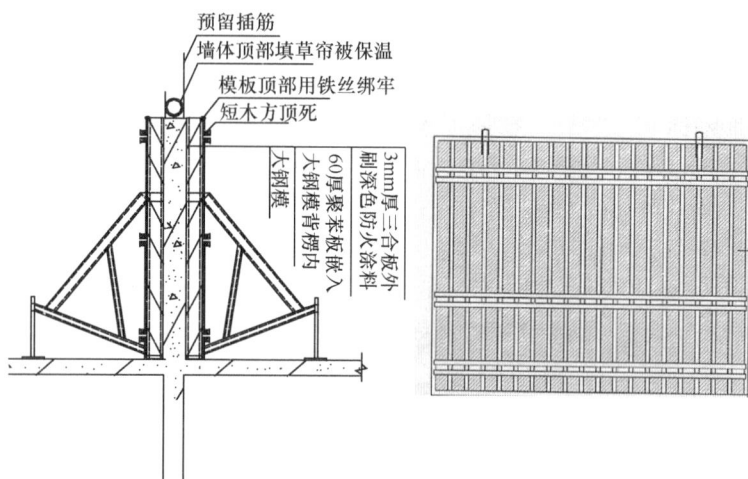

工艺说明：

（1）墙体大钢模板外围多数采用苯板做保温，将苯板置于竖肋及背楞之间，保温苯板不得损坏；

（2）注意大模板边缘部位和穿墙螺栓处的保温，在螺栓四周苯板处可用丝绵塞严，以免形成冷桥。

030605　柱模保温

工艺说明：

（1）钢柱模板可采用聚苯板保温；

（2）木模板可采用在模板外绑扎草帘被的方式（聚苯板和草帘被的具体厚度通过热工计算确定）。

030606 外架封闭

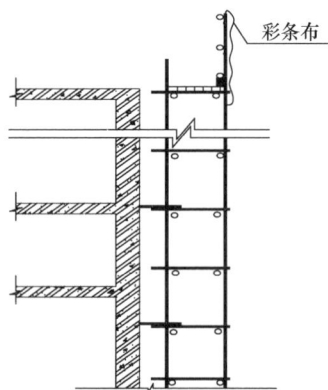

彩条布

工艺说明：

（1）冬施期间，操作层应采用彩条布封闭，避免冷风直吹刚浇筑的混凝土，造成混凝土散热和水分流失过快；

（2）封闭后，其他工序的作业工作环境得到改善。

030607 墙柱混凝土实体保温

工艺说明：

（1）墙柱模板拆除后，混凝土的表面温度与环境温度之差大于20℃时，应采用保温材料覆盖养护；

（2）保温材料接缝部位应严密、牢固，防止温度损失。

030608　楼板混凝土实体保温

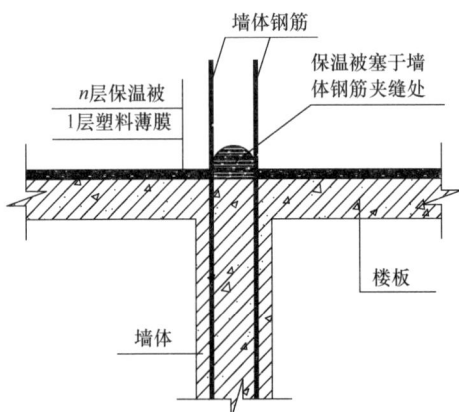

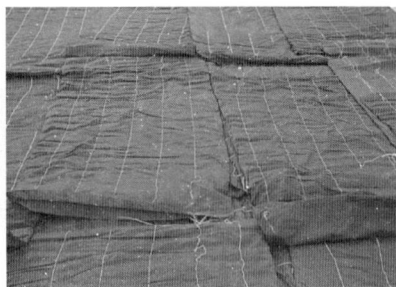

工艺说明：

（1）楼板保温通常采用1层塑料布和若干层保温被（具体厚度和层数通过热工计算确定），塑料布起到保湿和保温双层作用，保温被主要为保温作用；

（2）保温被铺设时应相互搭接；

（3）墙体钢筋之间的空隙是保温覆盖容易忽略的部位，应重点控制。

030609　墙体插筋部位保温

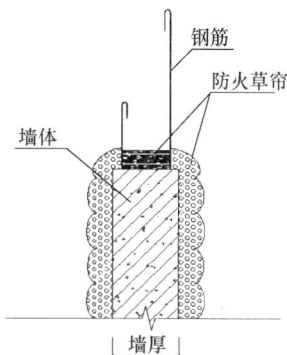

工艺说明：

（1）墙体插筋位置是冬施保温的薄弱部位，应采用保温材料对裸露表面覆盖并保温；

（2）对边、楞角部位的保温层厚度应增大到面部位的2～3倍，保温材料的厚度经计算确定。

030610 冬施混凝土浇筑测温

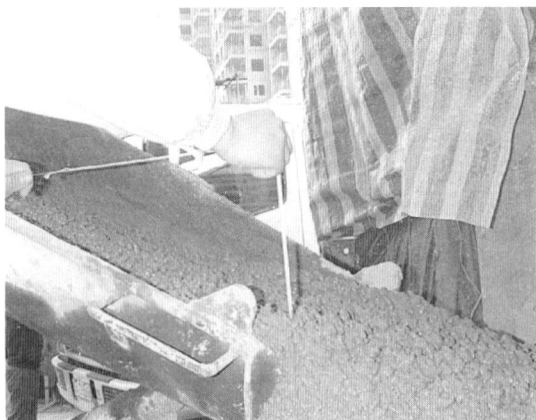

工艺说明：

（1）混凝土出罐时要测试其温度，冬施混凝土出罐温度不宜小于10℃，入模温度不应低于5℃；

（2）采用电子测温仪时，应经检测合格。

030611　大体积混凝土测温

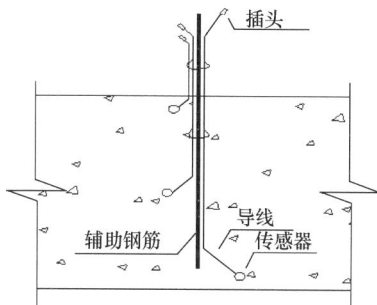

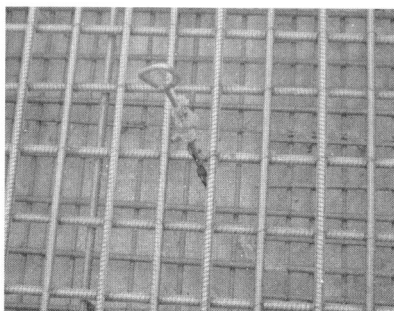

工艺说明:

（1）大体积混凝土应测量构件上、中、下等不同部位的温度，采用埋设测温传感器是较为准确先进的方式之一；

（2）传感器借助辅助的钢筋固定，沿混凝土浇筑体厚度方向，必须布置外面、底面和中层温度测点，其余测点宜按测点间距不大于600mm布置，并用塑料布缠裹，避免浇筑混凝土时污染；

（3）应注意传感器与辅助钢筋间用绝热材料隔开，防止钢筋导热造成测温不准。

030612 冬施混凝土测温

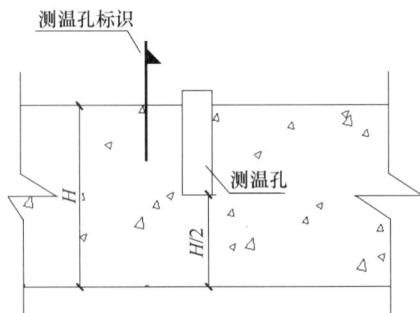

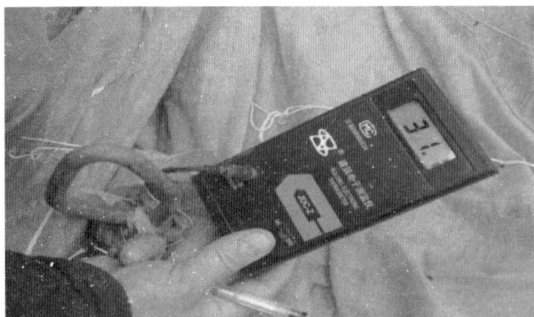

工艺说明:

(1) 一般冬施测温时,可以用埋设测温孔的方式;

(2) 测温孔采用铁皮或薄壁钢管等制作,于初凝前插入混凝土中;

(3) 测温时,可用电子测温仪的探针或玻璃温度计插入测温孔内,并封堵测温孔上端,3min后读取温度;

(4) 当采用温度传感器测温时,将外露的导线插头插入电子测温仪,当读数稳定后,即可读取温度数值。

第七节　混凝土成品保护

030701　楼板洞口防护

工艺说明：

（1）300mm以下的孔洞成品保护，应采用现场材料自行加工制作、固定牢固；

（2）防护盖板表面应有警示标识，警示标识为：当为方洞时，为红白对角标识；当为长方形洞口时，为红白相间标识；色带间隔宜为40mm；

（3）防护盖板尺寸至少比洞口尺寸周边大30mm，在板底紧贴洞口内壁位置安装木枋定位块，卡固在洞口内，防止移动。

030702 楼梯踏步

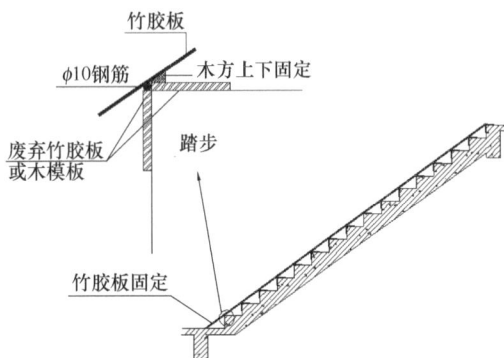

工艺说明：

(1) 楼梯踏板可采用废旧的竹胶板或木模板保护；

(2) 楼梯角处可采用 $\phi10$ 的圆钢防止破损。

030703　门窗洞口、柱墙阳角成品保护

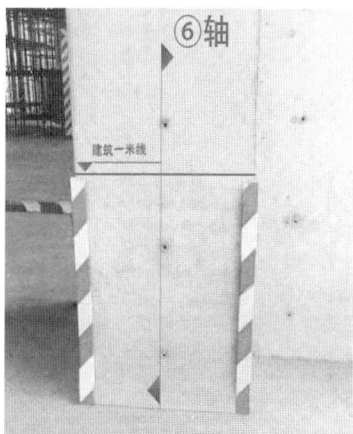

工艺说明：

（1）门窗洞口、预留洞口、墙体及柱阳角在表面养护剂干后采用废旧的竹胶板、木模板做护角或成品护角模具保护；

（2）防护用材料安装在主要通道及易碰撞区域的柱、墙等部位。

030704 降板口防护

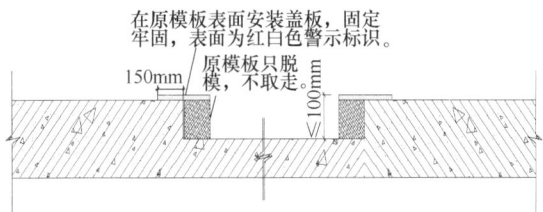

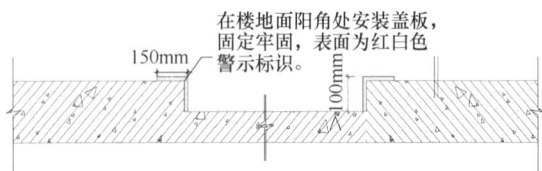

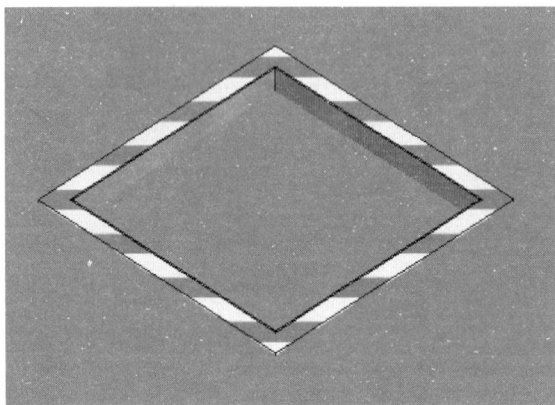

在原模板表面安装盖板，固定牢固，表面为红白色警示标识。

150mm

原模板只脱模，不取走。

≤100mm

在楼地面阳角处安装盖板，固定牢固，表面为红白色警示标识。

150mm

≤100mm

工艺说明：

（1）当降板部位高度≤100mm时，阳角模板采取只脱模不拆除的方式，进行原位防护；

（2）当降板部位高低差＞100mm时，采用不等边防护材料（∟）150mm×降板高度（＞100mm）。

030705 特殊部位处理

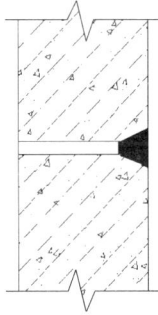

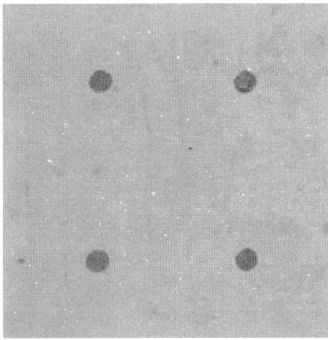

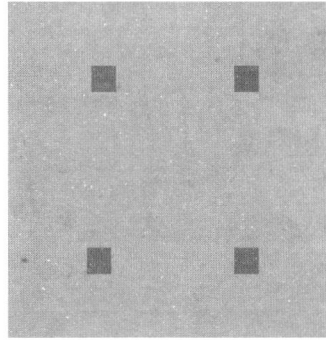

工艺说明：

（1）有防水要求的穿墙螺栓孔，螺栓孔封堵前需先将外侧孔眼扩成"喇叭口"形状，对螺栓孔眼冲洗湿润后填塞加微膨胀剂的干硬水泥砂浆封堵密实，边口与墙面平齐，待外侧封堵料干燥后，刷防水涂料，涂刷表面成圆形或方形；

（2）无防水要求的穿墙螺栓孔，应清理孔内垃圾并洒水湿润孔内后，填塞加微膨胀剂的干硬水泥砂浆封堵密实，边口与墙面平齐。

第八节　超高层混凝土

030801　首层泵管支设

工艺说明：

（1）配管设计应根据工程和施工场地特点、混凝土浇筑方案，对混凝土输送管配管进行合理设计；

（2）超高层工程首层泵管采用混凝土墩固定；

（3）泵管转弯处增设固定点。

030802 竖向泵管支设

工艺说明:

(1) 垂直输送的管路应与结构牢固连接,每根垂直管应有两个或两个以上固定点;

(2) 垂直管下端的弯管不应作为支承点使用。

030803 截止阀设置

工艺说明：

　　垂直泵送高度超过 100m 时，混凝土泵机出料口处应设置截止阀。